石油工人技术问答系列丛书

试油（气）技术问答

张发展　编

U0244548

石油工业出版社

内 容 提 要

本书采用灵活的问答形式，结合企业现场培训实践，介绍油（气）井试油（气）的基本方法、基本原理、施工工艺等，内容丰富，实用性较强。

本书适用于油田井下作业员工的培训，也可以作为相关员工的自学用书。

图书在版编目（CIP）数据

试油（气）技术问答 / 张发展编 .
北京：石油工业出版社，2012.8
（石油工人技术问答系列丛书）
ISBN 978-7-5021-9168-9

Ⅰ . 试…
Ⅱ . 张…
Ⅲ . ①试油 – 问题解答②试气 – 问题解答
Ⅳ . ① TE27-44 ② TE375-44

中国版本图书馆 CIP 数据核字（2012）第 158230 号

出版发行：石油工业出版社
　　　　　（北京安定门外安华里 2 区 1 号　100011）
　　　　　网　　址：www.petropub.com.cn
　　　　　编辑部：（010）64523582　发行部：（010）64523620
经　　销：全国新华书店
印　　刷：北京中石油彩色印刷有限责任公司

2012 年 8 月第 1 版　2012 年 8 月第 1 次印刷
787×1092 毫米　开本：1/32　印张：6.25
字数：139 千字

定价：15.00 元
（如出现印装质量问题，我社发行部负责调换）

出版者的话

　　技术问答是石油石化企业常用的培训方式——在油田，由于石油天然气作业场所分散，人员难以集中考核培训，技术问答可以克服时间和空间的限制，随时考核员工知识掌握程度；在石化企业，每个装置的操作间都设置了技术问答卡片，这已成为企业日常管理、日常培训的一部分；此外，技术问答也是基层企业岗位练兵的主要训练方式。

　　技术问答之所以成为企业常用的培训方式，它的优点是显而易见的。第一，技术问答把员工应知应会知识提纲挈领地提炼出来，可以有助于员工尽快掌握岗位知识；第二，技术问答形式简明扼要，便于员工自学；第三，技术问答便于管理者对基层员工进行培训和考核。但我们也注意到，目前，基层企业自己编写的技术问答还有很多的局限性，主要表现在工种覆盖不全面、内容的准确性权威性不够等方面。针对这一情况，我们经过广泛调研，精心策划，组织了一批技术水平高超、实践经验丰富的作者队伍，编写了这套《石油工人技术问答系列丛书》，目的就在于为基层企业提供一些好用、实用、管用的培训教材，为企业基层培训工作提供优质的出版服务，继而为集团公司三支人才队伍建设贡献绵薄之力。

　　衷心希望广大员工能够从本书中受益，并对我们提出宝贵意见和建议。

石油工业出版社

前　言

20 世纪 60 年代以来，我国各大油田普遍采用技术问答的形式来提高石油工人的职业技能水平。在一问一答中，工人可以迅速掌握岗位基本理论和技能。通过这种喜闻乐见的形式，既培养了工人的学习兴趣，又提高了他们的工作热情。

随着科学技术不断进步，石油技术也发生了日新月异的变化。为了顺应技术发展的大方向，帮助油田工人熟悉最新试油（气）相关技术，传承并发扬石油工人勤奋好学、与时俱进的光荣传统，我们编写了《试油（气）技术问答》一书，以期与石油同仁共同学习、共同进步。

本书分为 6 个部分，第一部分为基础理论知识，第二部分为常规试油工艺，第三部分为油气井测试，第四部分为自喷井和特殊井试油工艺，第五部分为封堵技术，第六部分为试油中常见事故的预防和处理。

由于编者水平有限，书中难免会有不足之处，敬请有关专家、学者以及同仁指正，以便今后不断修改完善。

编者

2012 年 6 月

目　　录

第一部分　基础理论知识

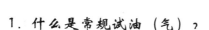

1. 什么是常规试油（气）?

答：常规试油（气）是指利用一套专用的设备和适当的技术措施，降低井内液柱压力（或进行射孔），使产层内的流体流入井内并诱导至地面，然后对井下油、气层进行直接测试，并取得有关油、气、水层产能、压力、温度和油、气、水物理性质资料的工艺过程。

2. 什么是科学试油? 常用的科学试油方法有哪些?

答：科学试油即试井，它是利用各种地层测试器进行的比较先进的试油方法。常用的科学试油方法主要有休斯顿地层测试器测试、电子压力计测试技术、全通径测试工具测试技术、膨胀式测试工具测试技术等。

3. 试油（气）的目的是什么?

答：试油（气）工艺根据油层和油井条件不同、勘探和开发阶段不同，其目的不同。试油（气）目的概括为"预探试油找油流，详探试油分层求产，开发试油查效果"，主要表现为以下几点：

（1）探明新地区、新构造是否有工业油气流；

（2）查明油、气田的含油面积及油水或气水边界，油、气藏的产油、气能力和驱动类型；

（3）验证对储层产油、气能力的认识，利用测井资料为计算油、气田储量和编制油、气田开发方案提供依据。

4．各种类型的井试油（气）层位是如何选择的？

答：参数井（区域探井）的选择前提是尽快落实含油（气）情况并确定油（气）层的工业价值，首先选择油、气显示最好的层优先进行试油、试气。

预探井主要选择有利的油、气层为重点试油层，需系统了解整个剖面纵向油、气、水的分布状况及产能，搞清岩性、物性及电性关系，为初步计算油田储量作出综合评价。

详探井选择时以搞清油、气、水分布和产能变化特征及压力系统为前提，按油层组进行分层测试，为计算二级地质储量提供依据。

资料井要求在取心部位进行分层试油（气），不能油、气、水层混在一起大段合试。

5．试油工艺分为哪几类？

答：试油工艺分为如下三大类：

（1）多油层合层试油：全井所有油层同时打开进行试油，以求得油井的最大产能。这种方式多在油田勘探初期第一、第二口井发现油流时采用，也用于合层开采的生产井。

（2）分层系统试油：对需要测试的油层自下而上逐层射孔、逐层测试，测试完一层后注水泥塞或下丢手封隔器封闭该层，改测上层；也可对多层位某一层先进行测试，然后再试其他层。

（3）钻井中途测试：是钻井中遇到油、气显示时停钻进行测试的一种试油方法。目的是及时取得显示层位的地质资料，尽快发现新的油气藏。

6. 试油（气）过程中所取的资料有哪几种类型？

答：试油（气）过程中所取的资料有四种类型：

（1）产量资料：包括地面或地下油、气、水产量；

（2）压力资料：油压、套压，井底流压、静压和压力恢复曲线，原始地层压力、目前地层压力等；

（3）取油、气、水样：包括井下取样测原油高压物性，井口取样分析地面原油物性，分析天然气的相对密度、临界温度、临界压力、气体组成成分等，分析水样的颜色、嗅味、透明度、酸碱度、密度、离子含量、微量元素含量以及其他元素如碘、溴、硼等的含量；

（4）温度资料：油层中部温度、地温梯度。

7. 试油作业时工业油流要求是什么？

答：油、气产量是试油求产量最重要的资料，决定了所试井、层是否具有工业油流，常根据油井产量是否大于工业油流要求作为试油的结论。工业油流要求见表1—1。

表1—1　工业油流要求

| 产量 | | 井深，m | | | | |
		< 500	500 ～ 1000	1000 ～ 2000	2000 ～ 3000	3000
油，t/d	陆地	0.3	0.5	1.0	3.0	5.0
	海域	—	10	20	30	50
气，m³/d	陆地	300	1000	3000	5000	10000
	海域	—	10000	30000	50000	100000

8. 什么是高压井？高压井常规试油施工基本程序有哪些？

答：高压井是降低井内回压或射穿试油层位后流体即能

流入井中并喷到地面的井。

高压井常规试油的基本工艺程序为：（1）搬迁安装；（2）通井探井底、洗井、试压；（3）射孔（对射孔完成的井）；（4）诱喷（诱导油流）、放喷；（5）测试取资料。

9．什么是低压井？低压井常规试油施工基本程序有哪些？

答：低压井是油层压力低于井内静水柱压力的油井。由于油层压力低，试油中地层油只能流到井中，不能自喷到地面。

其试油工艺过程一般为：（1）搬迁安装；（2）通井探井底、洗井、试压；（3）射孔（对射孔完成的井）；（4）诱喷（只有抽汲法、气举法和提捞法），且无放喷工序；（5）测试取资料。

无论何种油井试油，诱喷是最重要的一道工艺程序。若经诱喷而井未获得油气流，则应采取重复射孔或酸化、压裂作业，以达到诱喷的目的。

10．科学试油的基本施工程序有哪些？

答：科学试油的基本施工程序有：（1）下测试管柱；（2）装地机流程控制装置，进行封隔器坐封计算；（3）坐封封隔器；（4）开井求产和关井测压；（5）解封，起出测试管柱和拆卸工具；（6）现场取样；（7）压力计卡片标注；（8）读出压力卡片上所有基本点（起下管柱、开井关井的起始点和终结点、基线）的压力值。

第二部分 常规试油工艺

11. 试油队搬迁要做哪些准备工作?

答:试油队搬迁要做的准备工作有:

(1) 搬迁前一天,要落实"两点一线"、"三通一平",准确掌握搬迁路线所经过公路桥梁的承载情况,若有污染、用农民土地等纠纷,尽早解决,保证搬迁工作顺利进行;

(2) 搬家前,修井队应分别安排新、老井场的现场指挥,准备运输车辆,并做好人员组织工作;

(3) 修井队必须准备足够的搬迁绳套、棕绳、垫木及铁丝,保证安全,卸车后及时收回;

(4) 修井队对即将搬迁的井场必须进行清理,保证各种车辆能够顺利到位;

(5) 所有装车油管摆放整齐,挂好绳套,抽汲绳整齐地缠放到滚筒上并加以固定;

(6) 搬大罐前必须放净液体,冬季起吊前需拖离原位;

(7) 井上所有仪器、仪表如指重表、探照灯、消防器材等,搬迁途中要妥善保管,防止损坏。

12. 试油队搬迁过程中要注意哪些问题?

答:试油队搬迁过程中要注意的问题有:

(1) 搬迁后以工完、料尽、场地清、安全施工、文明生产、不污染环境为合格;

（2）吊车位置必须平整垫实，扒杆活动范围上空无电线等阻挡物，吊重物时有专人指挥，其余人员应站在危险区以外，严禁吊重物件带人；吊重物件必须拴保险绳，起吊油管时必须两边平衡，不能拖地，严禁利用惯性卸油管、卸大罐；

（3）各种车辆所装货物必须捆绑，本着"安全第一，易装易卸"的原则，确保拉运途中不发生移动；

（4）拉运金属件或其他不规则的物件，车槽内应垫方木，各种井口装车时阀门应向上摆放，严禁在其上压放重物；

（5）拉运井架要执行拉运井架规定，严防事故发生；

（6）卸车要安全摆放到位，搬迁完后要按井场布置标准对井场做全面检查，发现问题及时整改；

（7）修井队施工前要进行技术交底，要求参加人员做到五知：知施工目的、知井下情况、知施工步骤、知质量要求、知安全注意事项。

13. 试油井场布置有哪些要求？

答：试油井场布置的要求有：

（1）地面平坦，无积水和障碍物；

（2）作业罐、计量罐、值班房应在不同方位，且距井口30m以外；

（3）配备消防设施，位置适中，使用顺手；

（4）通井机作业时，井深超过3500m要挖地滑车坑，并安装地滑车；用修井机作业时，井架要打基础；

（5）油气分离器点火管线必须用直通钢质管线，距井口距离视产量而定，但不得少于50m并固定，点火头与地面垂直高度不得少于3m并固定。

14．自喷井试油流程设备安装有哪些要求？

答：自喷井流程中设备的安装必须符合流程示意图（图2-1）的要求。

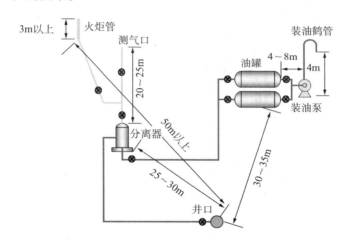

图2-1 自喷井试油流程示意图

井口分离器油罐到装油泵，装油鹤管到测气口、火距管，按规定保持安全距离，水平度不得大于1‰，保证扫线防火条件。油罐、分离器的底部必须装排污阀门，流程所有管线、阀门、活接头、法兰、螺纹要进行除锈防腐，且进行强度和严密性试压。装油泵组电线必须是耐油的高压胶线，采用防爆阀刀。冬季施工要采用锅炉蒸汽保温或锅炉热水循环保温。

15．试油井架安装前要做哪些准备工作？

答：用井架车立18m井架时要做如下准备工作：

（1）搞清需作业立井架井的井位，勘查道路、井场；

（2）准备地锚 6 个，450mm 管钳 1 把，300mm 活扳手 1 把，铅锤 1 个，吊线 1 根，30m 钢卷尺 1 只，5.15mm 绳卡 16 个，花篮螺栓 6 个，ϕ 19mm×1mm 钢棒 2 根，车况完好的液压井架立放车 1 台，经检查保养的完好井架 1 部。

立 29m 井架时要做如下准备工作：

（1）准备连接井架各部的连接螺栓、起吊井架的绳套；

（2）准备支撑井架的垫木，30cm 高垫木 4 块，50cm 高垫木 1 块，还需准备钢卷尺、水平仪、铅锤、铁锹等。

16. 简述用井架车立 18m 试油井架的施工步骤。

答：（1）将井架车背拉到作业井场，选择安装方位，丈量各道绷绳坑的位置；

（2）根据施工需要和现场土质情况，挖好绷绳坑、锚坑，下好地锚或打好桩，卡好绳套；

（3）排除井架基础位置的积水、挖去稀泥、清除浮土等，填入沙石、新土或打水泥基础；

（4）将井架车倒在井口附近，摆正、操纵液压缸、支起液压千斤支脚，使井架车轮胎架空，调整各千斤支脚使车辆平衡，挂上井架底座绷绳；

（5）操作手操纵液压缸，起升井架车立放架，起升至 70°左右时，停止起升；

（6）按照井架后第一道绷绳的应卡长度的位置卡好，卡紧该绷绳，挂好花篮螺栓；

（7）继续操纵液压缸，起升立放架，当接近 90°时，检查井架后第一道绷绳是否超长、挂牢，发现问题立刻整改；

（8）井架起升到位，装卡井架前绷绳后二道绷绳；

（9）操纵液压缸，收回井架车立放架和液压千斤支脚，摘掉底座绷绳；

（10）用铝锤吊线检查天车、大钩、井口中心三点是否成一垂线，丈量井架底座离井口距离是否符合标准，绷绳紧固，吃力均匀；

（11）检查合格后，交施工队使用，井架车驶离井场。

17．简述立29m试油井架的施工步骤。

答：(1) 选择、确定井架安装方位；丈量绷绳坑的位置，挖好坑，按标准下入地锚；

（2）吊放井架底座；吊装井架下段、中段，同时组装好二层平台；

（3）吊装井架上段、二层平台；展开井架绷绳，装卡底座绷绳；

（4）摆正井架车，固定后支脚，起升扒杆，挂绷绳，将扒杆游动滑车拉至井架起重绳处与起重绳环挂牢；

（5）操纵井架车起升井架，井架起升到位后检查卡好的绷绳长度，装卡井架前第一道绷绳；

（6）调整二层平台，拆掉井架底座绷绳及井架车扒杆绷绳；

（7）装卡井架前二道（平台）绷绳，校正井架和各道绷绳的预紧力，使其达到规定标准。

18．立试油井架施工时要注意哪些问题？

答：(1) 天车安装位置必须对正井口，而且在井眼的延长线上；

（2）各部位螺栓必须上紧，以免因震动而发生移动造成事故；

（3）绷绳安装时，钢丝绳应保持清洁；往架子或滚筒上缠时，要拉紧；在井架立放的起落过程中，要将绷绳拉直，防止打扭；在钢丝绳吊放井架或其他重物时，不得猛提、猛放；

（4）所用的钢丝绳的直径必须与天车滑轮槽、绳卡等相匹配；

（5）起下作业时不能使游动滑车顶碰天车或安装防碰装置；

（6）安装或拆卸时应避免碰击轮槽边；

（7）天车在使用一段时间后，应更换滑轮的相互位置，以延长使用寿命；

（8）井架结构内各道拉筋完好，无缺少或断损现象；校正井架后，每条绷绳吃力要均匀；

（9）注意活动部件必须灵活好用，经常涂抹黄油防止生锈。

19．试油井架基础制作与安装的质量标准是什么？

答：（1）混凝土井架活动基础的标准。

混凝土比例：水泥：砂子：石头 =1：3：5。

凝固时间：冬季不少于 90h，夏季不少于 48h。

（2）BJ-29 井架（29m 井架）基础和 BJ-18 井架（18m 井架）基础钢架结构用 $5^{1}/_{2}$in×7.72mm 的套管制作。

井深超过 3500m 时应打混凝土固定基础，井深在 3500m 以内可以使用活动基础。基础必须平整坚实。水平度用 600mm 水平尺测量，误差小于 2 ～ 5mm。

大腿中心到井口距离：18m 井架距离 1.8m 左右，支腿轴销与井口中心的距离相等；29m 井架距离 2.8m 左右，支腿轴销与井口中心的距离相等。

20．试油井架地锚位置（绷绳坑位置）施工的要求是什么？

答：试油井架地锚位置（绷绳坑位置）施工的要求见图

2—2、图 2—3。

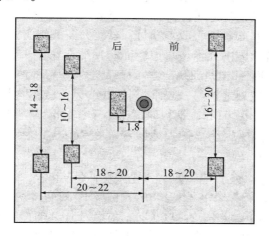

图 2—2　18m 井架地锚位置图（单位：m）

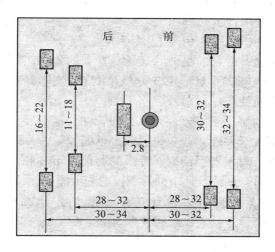

图 2—3　29m 井架地锚位置图（单位：m）

21．试油井架绷绳及地锚的安装要求是什么？

答：（1）各道绷绳必须用 15.5m 以上钢丝绳，钢丝绳无扭曲，若有断丝则每股不超过 6 丝。井架绷绳必须使用与钢丝绳规范相同的绳卡，每道绷绳一端绳卡应在 3 个以上，绳卡间距 108 ~ 200mm。

（2）螺旋地锚时，要求锚长 2.0m 以上（不含挂环），锚片直径不小于 0.3m，钢板厚度不小于 3 mm，锁销直径不小于 24mm。螺旋地锚拧入地层深度在 2m 以上，地锚杆外露不超过 0.1m。

（3）混凝土地锚时，要求地锚厚 0.2m、宽 0.2m、长 1.5m。地锚坑上口长 1.4m，下口长 1.6m，宽 0.8m，深 1.8m。地锚套选用 ϕ21mm 以上、长为 10m 的钢丝绳。

（4）绳套必须涂防腐剂。绷绳坑内地锚与绳套圈方向成直角，绷绳坑用石头或粘土夯实，在有流沙的地区绷绳坑要充填石头并灌注水泥浆。

22．试油通井的目的及原理是什么？

答：通井的目的是清除套管内壁上的杂物，探明从井口至井底是否畅通无阻，并核实人工井底的实际深度，以确保射孔安全顺利进行。

通井的原理是将通径规接在油管柱的最下端，逐步加深管柱，下入至井底。若中途遇阻严禁猛提猛放，以免提断或卡死管柱。对于裸眼或射孔完成的井可通至井底，对于衬管完成的井通至试油设计中油管下入的最大深度。

23．套管系列通径规的技术规范是什么？

答：套管系列通径规的技术规范见表 2–1。

表 2-1　套管系列通径规的技术规范 ●

套管规范	in	$4\frac{1}{2}$	5	$5\frac{1}{2}$	$5\frac{3}{4}$	$6\frac{5}{8}$	7
	mm	114.30	127.0	139.7	146.0	168.2	177.8
外径 D mm		92 ~ 95	102 ~ 107	114 ~ 118	116 ~ 128	136 ~ 148	146 ~ 158
长度 L mm		500	500	500	500	500	500
上部接头螺纹		NC26—12E 60.3 $(2\frac{3}{8})$ TBG	NC26—12E 73.02 $(2\frac{7}{8})$ TBG	NC31—22E 73.02 $(2\frac{7}{8})$ TBG	NC31—22G 73.02 $(2\frac{7}{8})$ TBG	NC31—12E 60.3 $(2\frac{3}{8})$ TBG	NC38—32E 88.9 $(3\frac{1}{2})$ TBG
下部接头螺纹		NC26—12E 60.3 $(2\frac{3}{8})$) TBG	NC26—12E 73.02 $(2\frac{7}{8})$ TBG	NC31—22E 73.02 $(2\frac{7}{8})$ TBG	NC31—22G 73.02 $(2\frac{7}{8})$ TBG	NC31—12E 60.3 $(2\frac{3}{8})$ TBG	NC38—32E 88.9 $(3\frac{1}{2})$ TBG

注：（1）D 应小于施工井套管内径 6 ~ 8mm；

（2）通径规壁厚 δ 一般为 5 ~ 6mm；

（3）对于水平井、斜井，通径规尺寸选择要根据套管记录而定，采用橄榄形状，最大外径小于套管最小内径的 6 ~ 8mm，有效长度为 30 ~ 40mm；

（4）材料为 A_3 钢（相当于新牌号的 Q235A）。

24. 试油通井前要做哪些准备工作？

答：（1）根据油层套管内径的技术规范数据选择通径规尺寸；

（2）了解套管的技术情况，丈量油管，测量通径规直

● 资料来源：万仁溥，罗英俊，等．采油技术手册（修订本）第 5 分册　修井工具与技术．北京：石油工业出版社．2001.

径、长度、壁厚、表面状况，画出草图；

（3）排放和丈量油管；

（4）检查、安装井场照明；

（5）地面设备的安装，包括在油层套管头上安装采油树大四通以下部分，检查并安装防喷器、安装井口作业操作台。

25．简述普通井通井工艺过程。

答：（1）下通径规，速度控制在小于 0.5m/s；在距人工井底 100m 时，要减慢速度下至人工井底；

（2）通径规下至人工井底后，上提距人工井底 2m 以上，用 1.5 倍井筒容积的洗井液反循环洗井，以保持井内清洁；

（3）起出通径规，检查有无痕迹并进行描述，分析原因并采取相应措施。

26．简述水平井、斜井通井工艺过程。

答：（1）通径规下至 45°拐弯处后，下放速度减慢到小于 0.3m/s；

（2）采用"下一根、提一根、再下一根"的方法；若上提时遇卡，负荷超过悬重 50kN，则停止作用，待定下步措施；

（3）通井至井底时，加压不能超过 30kN，并上提距井底 2m 以上，充分反循环洗井；

（4）提出通径规，以起管为 10 ~ 13m/min 的速度起通井钻柱，最大负荷不得超过油管安全负荷；

（5）起出通径规，进行检查、描述、分析。

27．简述裸眼井通井工艺过程。

答：（1）通径规下放速度控制在小于 0.5m/s，在距套管鞋上方 100m 左右时，要减速下放；

（2）通径规通至套管鞋上方 10 ～ 15m；

（3）起出通径规后，检查有无痕迹并进行描述，分析原因并采取相应措施；

（4）用光油管（或钻杆）通至井底；

（5）上提 2m 以上后彻底循环洗井；

（6）起出光油管（或钻杆）；

（7）筛管完成与裸眼完井要求相同。

28．简述套管刮削通井工艺过程。

答：（1）将刮削器刀片向下接在管柱底部，上紧；

（2）刮削次数：未射孔井段刮削一次，悬重正常为合格；射孔井段上提下放刮削三次，悬重正常为合格；

（3）正常情况加压 10 ～ 20kN，遇阻严重位置可加压到 80kN；

（4）刮削时，液面以上井段每下入 500m，油管反循环洗井一次，液面以下每下入 1000m，油管反循环洗井一次；射孔井段刮削过程中始终保持反循环，排量控制在 18 ～ 30m³/h；

（5）一般刮至射孔井段以下 10m；

（6）刮削完后，施工用液以大于 30m³/h 的排量反洗井一周以上，然后起出刮削器。

其他与通井相同。

29．简述通井施工的注意事项。

答：（1）下放或上提通径规中途遇阻时，悬重下降不超过 20 ～ 30kN，平稳活动管柱，严禁猛提猛放，以免提断或卡死管柱；

（2）通井时要平稳操作，螺纹要上紧，防止钻具在井筒内旋转松扣；

（3）施工中掌握悬重变化，控制悬重下降不超过 30kN；

（4）对于井斜小于 45°和未射孔、大修等作业的井采取普通通井操作；

（5）水平井、斜井通井时，在通径规进入井斜 45°井段后，必须连续作业；通井规通至预定位置后，必须用低固相修井液循环替出井内液体，并彻底洗井；

（6）裸眼井通井的整个施工过程要连续，无特殊情况不得停工；钻头在裸眼井段停留时间不得超过 6h；

（7）用刮削器时，起下管柱过程中要装好自封封井器，防止小件工具等落入井中；刮削器使用一次后，要及时检修刀片，并检查弹簧，保持刀片在弹簧作用下处于最大外径状态。

30．通井施工有哪些质量要求？

答：（1）作业时必须安装经校验、符合要求的指重表；

（2）工具、管柱均应经地面检查合格；

（3）通井深度必须通至人工井底或设计要求深度，起出通径规后无伤痕、无变形；通至井底时悬重下降 10～20kN时，重复两次，探得人工井底深度误差要小于 0.5m；

（4）禁用带通径规的管柱冲砂；

（5）通径规到达规定深度后，进行充分循环洗井，清除从井壁上刮下的脏物；要求井内压井液体清洁，达到设计要求，井下套管内径畅通无阻。

31．通井施工要录取哪些资料？

答：（1）管柱类型、规格、单根长度、下入根数；

（2）通径规型号、外形尺寸；

（3）通井深度、遇阻位置、指重表变化值及对应深度；

（4）起出通径规上的痕迹描述。

32．洗井的目的是什么？

答：用清水将井底污物带出井口，保持井底干净，减少油气层污染，便于后续施工。常用的洗井液有混气液、清水、活性水、盐水及一定密度的其他洗井液。

33．洗井方式有哪些？各有什么优缺点？

答：洗井方式分正循环洗井和反循环洗井及正、反循环洗井三种。

正洗指洗井液从油管进入井筒、从油套环形空间返出地面的洗井方式。当泵压和排量一定时，正洗时井底回压小、冲击力大，液体在套管内上升速度慢。

反洗指洗井液从油套管环形空间进入井筒、从油管返出地面的洗井方式。反洗时井底回压大、冲击力小，液体在油管内上升速度快，携带脏物的能力强。

有时应根据井底实际情况采用不同的洗井方法。

34．什么是喷量和漏失量？

答：喷量：洗井出口液量大于进口液量的差值，即洗井过程中从地层喷出的液量。

漏失量：洗井进口液量大于出口液量的差值，即洗井过程中漏入地层的洗井液液量。

35．洗井施工要做哪些准备工作？

答：（1）基础数据、目前井内状况、施工目的及注意事项的准备。

（2）设备准备：修井机、通井机和井架能满足施工提升载荷的技术要求，运转正常；洗井泵车的最高泵压和排量达到施工设计要求。

（3）工具管柱准备：洗井进出口管线必须用硬管线连接，出口管线末端采用120°弯头；油管的规格、数量和钢级应符合施工设计要求。

（4）材料准备（见洗井液要求）。

36. 洗井施工对洗井液有哪些要求？

答：洗井液要与地层具有良好的配伍性；洗井液的相对密度、粘度、pH 值和添加剂应根据地层情况设计；洗井液量应准备井筒容积的 1.5～2.0 倍；洗井液不能使地层粘土矿物发生膨胀；低压漏失地层应加入增稠剂和暂堵剂，并采取混气等手段降低洗井液的密度；稠油井应在洗井液中加入活性剂或高效洗油剂并提高温度，必要时用热油洗井。

37. 简述洗井施工的基本工序。

答：（1）按施工设计的管柱结构要求，将洗井管柱下至预定深度；

（2）安装作业井口；

（3）采用双连通罐循环洗井液，将进出口管线连接好后，试压至设计泵压的 1.5 倍，5min 不刺不漏为合格；

（4）根据设计要求，采用正洗井、反洗井或正反洗井交替方式进行洗井；

（5）洗井开泵时应注意观察泵注压力变化，控制排量由小到大，同时注意出口返出液情况；若正常洗井，ϕ 127mm、ϕ 139.7mm 套管的井排量一般控制在 25～30m³/h，ϕ 177.8mm 套管的井控制在 42m³/h 以内，高压油气井的出口喷量控制在 3m³/h 以内；

（6）洗井施工应采取活动管柱法洗井并洗至人工井底；

（7）新井洗井结束时，要进行套管试压，套管试压15MPa，稳定 30min；

（8）洗井施工中加深或上提管柱时，洗井液必须循环二周以上方可动管柱，并迅速连接好管柱，直到洗井至施工设计深度；

（9）出砂井优先采用循环洗井法，保持不喷不漏，平衡洗井；若正循环洗井时，应经常活动管柱，防止砂卡。

38．简述洗井施工应当注意的事项。

答：（1）洗井施工中，提升动力设备要连续运转，不得熄火；

（2）出口管线连接应平直，末端用地锚固定；

（3）洗井过程中，随时观察并记录泵压、排量、出口量及漏失量等数据；泵压升高，洗井不通时，应停泵及时分析原因并进行处理，不得强行憋泵。

39．简述洗井施工的质量要求。

答：（1）进出口液体要求：密度要求必须一致，出口液体干净、无杂质污物；进出口液体机械杂质含量要求小于 $2 \sim 3mg/L$；洗井液的相对密度、粘度、pH 值及添加剂性能应符合施工设计要求。

（2）洗井开泵应注意泵压变化，控制排量由小到大，正常洗井排量控制范围参考表 2-2。

表 2-2　洗井排量表

套管尺寸，in	5	$5\frac{1}{2}$	$6\frac{5}{8}$	7
排量，L/min	127	139.7	500 ~ 550	700

（3）洗井液不得漏入地层，最大限度地减少对地层的污染和损害；严重漏失井采取堵漏措施后，再进行洗井施工；洗井深度和作业效果应符合施工要求。

（4）计量池形状规则、摆放平整，保证进出口液量计量准确。

（5）管柱结构、位置应符合设计要求。

（6）洗井深度、作业效果应符合施工设计的要求。

40．洗井施工应当录取哪些资料？

答：（1）录取洗井方式、洗井时间；

（2）记录洗井液名称、pH 值、温度、添加剂、密度、化学成分、粘度及杂质含量；

（3）洗井参数，包括泵压、洗井深度、排量、注入液量及喷漏量；

（4）出口返出物描述，洗井化验结果及分析。

41．简述套管试压的施工过程。

答：新井洗井结束时，要进行套管试压，施工过程如下：

（1）丈量油管，将试压管柱下入设计深度。试压管柱结构自上而下为油管悬挂器、油管、斜尖，并将井口坐好，要求不刺不漏。

（2）连接管线循环至畅通，洗井合格后关套管阀门。

（3）启动泵并加压，套管试压 15MPa，稳压 30min。检查压降值，若压降值不大于 0.5MPa，则说明套管完好。停泵，起出全部油管。

42．套管试压有哪些质量要求？

答：（1）将进出口管线连接后，试压至设计泵压的 1.5 倍，稳压 5min，不刺不漏为合格。

（2）管串深度和作业效果应符合施工设计要求。

（3）计量池形状规则，摆放平整，保证进出口液量计量准确。

（4）施工中，提升动力设备要连续运转，不得熄火。

（5）进出口管线用硬直管线连接。

（6）油管地面试压时，油管外部要有安全套，防止发生意外。

（7）洗出的污油、污水等集中处理，防止环境污染。

43．套管试压要录取哪些资料？

答：（1）描述油、套管试压管柱结构和井下工具及附件类型、规格、型号、主要尺寸、结构，画出示意图；

（2）试压情况：泵压、启压时间、泄压时间、吸收量、试压液体名称及密度、用量。

44．什么是射孔？

答：射孔是利用射孔枪下到油气井中的某一层，用特定方式点火、射穿封闭产层的套管及水泥环直至地层，沟通井筒与产层间的流体通道，使油、气能够从地层流入井中。

45．简述射孔的工作原理。

答：射孔枪由若干个射孔弹用导爆索连接起来，用电缆或油管将其下至射孔部位，引爆射孔弹，药柱爆炸后，爆炸波向聚能穴移动，使炸药分解爆炸并产生压力，沿药柱轴线压缩金属锥斗，从锥顶传至锥底。在被压缩的金属锥斗内产生高温高压金属射流，金属射流向外喷射时遇到套管及障碍物时产生巨大压力，在此压力作用下金属射流沿其轴的方向挤压和射穿套管及管外水泥环进入地层一定深度。

46．射孔要做哪些准备工作？

答：（1）资料准备：收集井况、地层及固井资料等。

（2）工具及设备准备：液压油管钳 1 套，900mm 管钳 1 把，1200mm 管钳 1 把，375mm×46mm 活动扳手 1 把，手锤 1 把，450mm×55mm 活动扳手 1 把，ϕ118mm 通径规 1 个，放炮阀门 1 个，通井机 1 台，水泥车 1 台，压风车 1 台。根据井下温度选择射孔枪、射孔弹、引爆方式、传感器和导爆索。

47. 射孔枪规格有哪些？

答：按工作压力不同，射孔枪分为 105MPa、70MPa、50MPa 三种，其产品代号编号为：

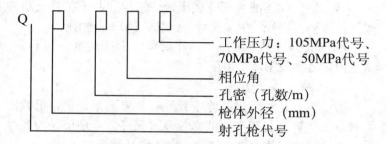

48. 射孔枪外径如何选择？

答：射孔枪外径选择见表 2-3。

表 2-3　射孔枪外径选择表

套管尺寸，mm (in)	127 (5)	139.7 ($5\frac{1}{2}$)	177.8 (7)	244.5 ($9\frac{5}{8}$)
枪身外径，mm (in)	88.9 ($3\frac{1}{2}$)	88.9 或 101.6 ($3\frac{1}{2}$ 或 4)	101.6 或 127 (4 或 5)	127 或 177.8 (5 或 7)

49. 射孔枪的引爆方式有哪些？如何引爆？

答：(1) 撞击引爆（重力引爆）：在射孔枪的顶部装有可撞击的引爆装置，从井口向油管内投入金属点火棒，依靠点火棒的自重快速下落撞击引爆装置而引爆。

(2) 液压引爆：向油套环形空间或油管内加压，当所加压力达到装在击针上的剪切销钉剪切值时，销钉被切断，击针在压力作用下向下运动撞击雷管而引爆。

（3）湿接触引爆：井下电接触设备的公件安装在引爆器顶部，母件与电能传递部件相连接，当母件落入井中与公件相遇对接时引爆。

（4）延时引爆：引爆器击发后，延时 5 ～ 7min，将油管内压力释放或将电缆起出后再引爆，以达到负压或无液垫射孔的目的。

50．简述普通射孔的工艺过程。

答：（1）通井，用合格的压井液反循环压井，进出口密度一致后，卸井口采油树，起出通井管柱；

（2）将放炮阀门装在套管四通上，上齐 8 ～ 12 条井口螺栓并对角上紧；

（3）用水泥车向井内小排量打入与井内液体密度相同的压井液，灌满井筒后停泵，关放炮阀门等待射孔。

51．简述过油管射孔的基本原理。

答：不压井负压射孔法就是在井口采油树上安装防喷器和射孔专用控制头，连接射孔枪的电缆通过控制头和防喷器从油管下入井中，经油管末端的喇叭口，在套管内对准油层射孔。

52．简述过油管射孔的基本步骤。

答：（1）通井，接反循环洗（压）井管线，用清水替出井内全部钻井液；

（2）卸掉井口，起出井内全部通井管柱；

（3）下过油管射孔管柱 ϕ 140mm，油管底部接 ϕ 62mm 喇叭口，并将喇叭口完成在欲射孔井段顶界 50m 以上的位置；

（4）装好采油树并对好角，紧好 12 条采油树井口螺栓；

（5）接好地面测试流程管线，并在生产阀门上各装一块适当量程的压力表，等待过油管射孔；

（6）用清水将井内钻井液替净后，按混气排液法排液，当排出井内大部分清水并使井内液面降低到符合负压射孔要求的深度时，方可进行过油管负压射孔。

53．简述油管输送射孔的基本原理。

答：将有枪身射孔枪串联在一起并连接在油管管柱的尾端，形成一个硬连接管串，通过在油管内测得放射性曲线或定位短节，找准射孔层位进行射孔。

54．简述油管输送射孔的基本步骤。

答：（1）根据射孔通知单要求，设计射孔管柱，选择起爆装置类型和射孔器类型；

（2）检查各接头、起爆装置、射孔器；

（3）排出射孔管柱顺序，标明各部长度尺寸；

（4）到现场后连接射孔器和其他下井工具，并丈量定位短节以下所有射孔器、变扣接头、起爆装置和其他工具的长度；

（5）画出下井管柱示意图，标明各部名称和尺寸；

（6）安装起爆装置，下射孔管柱（使用压力起爆装置时还应计算剪切销钉装配数量）；

（7）如进行二次校深定位，应在下管柱前进行磁性定位器校深；

（8）管柱下完后，进行校深、计算调整值；调整管柱，使射孔枪对准设计储层，准备投棒或加压射孔。

55．射孔施工要注意哪些问题？

答：（1）井口安装防喷装置，工作性能良好；

（2）用电缆输送式点火工艺，连接发火装置前，应先放去电缆上静电并检查电缆是否漏电；

（3）用油管输送点火工艺，连接发火装置时，应先将其旋紧，防止脱落；

（4）用有枪身射孔枪时，射孔枪外径与套管之间的间隙在 30～50mm 为宜；过油管射孔时，用偏置装置，尽量采用零相位角射孔，以保证射孔弹的有效射孔；

（5）高温井操作时尽量缩短时间，射孔枪不能重复下井，以保证射孔弹的稳定性；

（6）输送中减少震动，以防射孔弹损坏或零件错位；

（7）下井速度不宜过快，以防射孔弹碰坏或射孔枪下井时遇卡；

（8）有枪身射孔枪装配时要确保射孔弹对准旋塞和盲孔，导爆索压紧在射孔传爆孔上；

（9）射孔应连续进行，有专人观察井口油、气显示情况，发现外溢现象立即停止射孔起出枪身，抢下油管或抢收装井口；

（10）射孔结束后，应迅速下油管，洗井替喷，中途不能无故停工，以免污染油层。

56．射孔工艺对射孔液的质量要求有哪些？

答：（1）有利于保护储层的压井液。

（2）普通射孔的射孔液，其密度必须达到设计要求；一般油井需附加压力为 1.5～3.5MPa，气井为 3.0～5.0MPa。

（3）压井液密度应满足压井液柱或井底回压大于地层压力 2～3MPa，固相杂质小于 0.1%，粘度适中，进出口性能一致。

（4）压井液密度计算：

$$\rho_{WK} = \frac{102(p+2)}{D_W}$$

式中　ρ_{WK}——压井液密度，g/cm^3；

　　　p——地层压力，MPa；

　　　D_W——井深，m。

57．射孔工艺对射孔弹的质量要求有哪些？

答：（1）装配时应严格检查射孔弹及其配件的质量；

（2）射孔弹在安装前必须进行试压，持续5min，负压射孔的井要确定其管内液柱高度；

（3）发射率低于80%时，要求采取补孔措施。

58．射孔工艺对射孔施工的质量要求有哪些？

答：（1）过油管射，油管必须用通径规通过，下入深度应大于射孔层段20m；

（2）射孔前井筒应灌满射孔液；

（3）负压射孔时，应按设计要求将井筒抽空到要求位置；

（4）射孔深度必须准确，实际射开深度与设计深度误差不超过±10cm；

（5）射孔时不能震裂套管和水泥环，防止油气水互相窜通，同时孔密、孔径、穿入深度必须符合设计要求。

59．射孔施工要录取哪些资料？

答：（1）完成管柱结构示意图（说明各部位深度及规格）；

（2）油管内径、尾管类型及规格；

（3）投棒尺寸、投棒点火时间；

（4）射孔液名称、密度、用量；

（5）射孔（补孔）前液面深度，射孔（补孔）时间、层位、层号、层段、射开厚度、枪型、相位角、射孔弹数、孔数、孔密，起出射孔枪描述、油气显示。

60．简述油管输送射孔与投产联作工艺的基本原理。

答：电缆将生产封隔器坐挂在生产套管上，然后下入生产管柱（常规射孔枪），管柱的导向接头下到封隔器位置时，进行循环冲洗干净管柱内积渣；继续下管柱，当管柱密封总成坐封后，井口投棒高速下落撞击枪头的引爆器，使之射孔；射孔枪及残渣释放至井底即投产。

61．简述油管输送射孔和地层测试联作工艺的基本原理。

答：将油管输送装置的射孔枪、点火头、激发器部件接到单封隔器测试管柱的底部。管柱下到待射孔和测试井段后，进行射孔校深、坐好封隔器并打开测试阀，引爆射孔后转入正常测试程序。这种工艺在深井和超深井已成功应用，射孔深度均在 4500m 以下（地层压力系数为 1.1 ~ 1.2，地温为 120 ~ 150℃），选择环空加压引爆配合 MFE 测试这一工艺，成功率达 90%。

环空加压射孔与 MFE 测试联作，其工作程序是：环空压力经封隔器上面的旁通孔传递到起爆器活塞，活塞受压剪断销钉后下行撞击起爆药饼引爆射孔；射开地层的流体经过环形空间由筛管进入管柱，则可进行测试。

62．简述油管输送射孔与压裂、酸化联作工艺的基本原理。

答：完井时下联作管柱，先射孔，再进行测试，然后进行压裂、酸化措施后还可以试井。

63．简述油管输送射孔和高能气体压裂联作工艺的基本原理。

答：射孔与高能气压裂联作，也就是先射孔，后高能气体压裂，在近井地区压裂成多条短裂缝，穿透油层伤害带，以解除油层堵塞，并提高油层导流能力，在一定程度上还起到增产作用。射孔弹用的是炸药，爆速是以 km/s 计。而高能气体压裂用的是火药，燃烧速度以 mm/s 计，最大不超过10m/s。射孔与高能气体压裂联作即利用爆速与燃速的时间差，实现先射孔后压裂。射孔弹炸药将套管射穿，并穿透油层至一定深度，紧接着高能气体压裂火药燃烧产生的高压高温气体，通过射孔孔眼延伸，超过岩石的破裂压力，在近井地区产生多条径向裂缝，起到解除油层堵塞的作用。

64．简述油管输送射孔与防砂联作工艺的基本原理。

答：带螺旋片射孔枪系统是用于油管输送射孔和防砂联作的管柱系统。该系统在极不稳定出砂地层进行射孔不会卡枪，该旋转管柱能大排量循环清除井内出砂，并能有效向孔眼进行砾石填充。其施工流程是在射孔层位底部坐封隔器，然后下封隔器、带螺旋片射孔枪管柱系统（该系统在地面试验能满足 8.135N·m 的扭矩），下至油层锚定封隔器并射孔（用重力或液压引爆），解封封隔器并大排量循环清洁孔眼。由管内注入携砂液，旋转管柱将携砂液挤入孔眼，在地面可观察压力变化和携砂液返出情况，最后旋转并上提管柱连同封隔器离开砂面后，将管柱及该系统起出井口。

65．简述超高压下正压射孔工艺（正向冲击）的基本原理。

答：采用极高的正压下进行射孔，利用了聚能射孔时射

流局部高压 [(3 ～ 4) × 10⁴MPa] 和速度（约 2000m/s）的原理，可产生以下几方面的效果：

（1）在较长时间内施加高压，有利于孔眼稳定；

（2）使孔眼裂缝扩张，增加孔眼有效通道；

（3）射孔后继续注酸（液氮）可以起到增产措施效果，也可以注树脂起到固砂作用。

射孔前在井口注入氮气，使其压力高于地层孔隙压力或破裂压力再射孔，利用爆炸能和氮气膨胀能使孔眼周围形成微裂缝并延伸扩展改善近井带渗流能力，然后打开井口放掉氮气使井底形成负压，起到清洁孔眼和诱喷的作用。由于此工艺是高压作用，要考虑井下管柱、井口和设备的承压能力，强化安全措施。此外，必须选择优质射孔液以防再次产生地层伤害。

66. 简述水平井射孔工艺的基本原理。

答：在不易垮塌地层的水平井中，为了有效防止气、水锥进，便于分层段开采和作业，可用用油管输送射孔工艺。井下总成一般包括引爆装置、负压附件、封隔器和定向射孔枪，采用压力引爆。水平井射孔方位有三种：360°、180°、120°，其方位的选择主要取决于地层坚硬程度。对于稠油疏松地层，方位一般采用 180° ～ 120°，以免水平井段上部因射孔岩屑下落堵塞井筒。

贝克休斯公司水平井射孔系统在管柱中使用 RS 封隔器、水力压差阀、液压引爆器、贝克休斯 INTEQ 射孔枪（孔密 36 孔 /m）。下至预定位置，RS 封隔器锚定，从井口环空加压，液体经过变向装置，流向管内使液压引爆器引爆射孔弹。地层液体流向井筒，由于压差使水力压差阀开启，使液体流向管内，即完成射孔和投产作业。

67．什么是高压液体射流射孔技术？

答：利用高压液体射流配合机械打孔装置在套管上钻孔，并以高压射流穿透地层，带喷嘴的软管边喷边向前进，射孔后收回，其孔径为 14 ～ 25mm，最大穿透深度可达 3m。

68．什么是水力喷砂射孔技术？

答：用高压液携砂，携砂浓度约 5%，通过高压喷砂液体将套管射穿，继而射向地层。因射流压力高，若地层不是坚硬地层，可能将地层不是射成一个孔，而是形成一个洞穴，不利于今后正常生产。除非特殊要求，一般情况下不采用此方法。

69．什么是诱导油流？常用的诱流方法有哪些？

答：诱导油流（诱流）就是降低井底液柱压力，使其低于油层压力，在油层与油井之间形成压差，使油层中油气流入井内，还可清除井底砂粒及泥浆等污染物质，降低近井污染带的附加阻力。

$$p_{井筒}=10^{-3} \rho gh$$

式中　　$p_{井筒}$——井底液柱压力，MPa；

　　　　ρ ——井筒内液体的密度，g/cm^3；

　　　　g——重力加速度，9.8m/s^2；

　　　　h——油层深度，m。

降低井底液柱压力有两种途径：一种是减少压井液的密度，另一种是降低井中的液面高度。

常用的诱流方法有替喷法、抽汲法、提捞法和气举法。

70．什么是替喷法诱流？

答：利用密度较小的液体通过正循环或反循环将井筒中密度相对较大的压井液替出，从而降低井中液柱的压力，以形成井内液柱压力小于油层压力的条件。为缓慢而均匀地降低压力，避免破坏地层结构引起出砂等事故，一般先用轻压井液替出重压井液，再用清水替出轻压井液，直至诱油入井，甚至可以用压风机和水泥车同时向井中注气泵水，控制气量和水量的不同比例，使混气水的相对密度逐渐减小，井底压力也逐渐减少而达到诱喷目的。

71．什么是一次替喷法诱流？

答：将油管柱下到油层中、上部，装井口，接好循环管线，用泵将地面准备好的替喷液连续替入井内。然后，上提管柱到油层中部或油层顶部而完井，直到将井内压井液全部替出为止。但对油管鞋至井底这段泥浆替不出来。这种方法应用于自喷能力不强、井底压力不很大的油井，因为在这样的油井中，一次替喷完之后，尽管还要敞开井口起出一部分油管，也不至于造成无控制井喷使试油工作无法进行。

72．什么是二次替喷法诱流？

答：将油管下至距人工井底 1m 处，装好井口，先用原压井液循环洗井，达到要求后向井内注入清水，其量等于井底至油层顶部的井筒容积，用压井液将清水替到油层顶部，然后上提油管到油层中、上部，装好井口再按一次替喷法替喷，可用于底坑（口袋）较长的井。

替喷法只能应用于油层压力高、产量大、堵塞不严重的油层，替通以后先用套管放喷，当含水小于 10% 并稳定后，即可装上大油嘴，用油管求产。

73．简述一次替喷法诱流的工艺过程。

答：将替喷管柱直接完成在距井底 1.5 ～ 2.0m（或油层以下 30 ～ 50m）用清水替出井内压井液后，上提油管完成试油管柱。

（1）接正替喷管线，并倒好采油树阀门；

（2）用水泥车大排量向井内正打入清水，替出井内全部压井液；

（3）观察出口管线溢流情况，观察时间不小于 5min；

（4）如无溢流或溢流很小，则立即迅速卸开管线，卸掉井口采油树；

（5）上提油管至油层中部或油层顶部以上 10m 左右，完成试油管柱；

（6）装井口采油树，上齐上紧采油树各部螺栓，将求产流程管线接在油管（生产）阀门上。

74．简述二次替喷法诱流的工艺过程。

答：替喷管柱下至油层中上部（或油层顶界以上 10m），完成试油管柱，替出井内压井液。若油井无自喷显示，则可加深油管至人工井底以上 1.5 ~ 2.0m 反洗井，再上提油管完成试油管柱。

（1）接正替喷管线，并倒好采油树阀门；

（2）用水泥车大排量向井内正打入清水，替出井内全部压井液；

（3）观察出口管线溢流情况，观察时间不小于 5min；

（4）若井已喷，则倒好流程管线放喷；

（5）如无溢流或溢流很小，则立即迅速卸开管线，卸掉井口采油树，加深油管至人工井底以下 2m 左右，装好总阀门，用清水反洗井，将油层底部压井液全部洗出；

（6）卸下总阀门，上提油管至油层中部或顶部 10m，完成试油管柱，装好井口采油树，接好流程管线。

75．简述替喷法诱流的注意事项。

答：（1）替喷过程中要始终注意安全，替通时出口管线易飞起，对此应特别留意并事先固定牢固。替通的显示是：井口压力逐渐升高，出口排量逐渐增大，返出液中伴有气泡、油花，停泵后仍有溢流，喷势逐渐增大等。发现此现象时要防止造成失控井喷、着火、中毒或污染事故。

（2）无特殊情况，替喷要连续进行，中途不能停泵。

（3）若替喷开始时替不通，则应上提油管分段循环，严禁硬憋将压井液挤入油（气）层。

（4）在替喷过程中要注意观察记录压力、溢出量、返出液性质等。

76．替喷法诱流有哪些质量要求？

答：（1）需用钢制硬管线，进出口必须在井口两侧，不允许在同一方位，不允许有小于90°的急弯，并要求固定牢固；

（2）进出口安装单流阀，试水压到预计工作压力的1.2倍，稳压5min不漏；

（3）替喷作业要先开采油（气）树出口阀门放气，然后再开进口阀门启动循环泵；

（4）替喷过程中，注意观察并记录返出液体的液性及油气显示；

（5）准确计量进出口液量；

（6）替喷用水量不少于井筒容积的1.5倍。

77．替喷法诱流要录取哪些资料？

答：（1）进出口液量、替喷液密度要准确，对排出物要进行描述；

（2）记录替喷时间、泵压。

78．什么是抽汲诱流？

答：抽汲诱喷是一种降低压井液液面的方法，即将专门的工具（抽子，详见81题）接在钢丝绳上，下入井筒中，在油管中做上、下往复运动，当上提抽子时可迅速把抽子以上的液体提升至地面，在抽子下面产生低压，使油层液体进入井内，达到降低液面、降低油层回压的目的。

一般将抽子下到液面以下150～250m，上提时可以在井底产生1.5～2.5MPa的降压，堵在井底附近油层的污物在液流的冲刷携带下被排到井内。这种方法的诱喷程度较替喷大，多用在靠改变井内液体相对密度仍不能达到诱喷目的的油井。

79．什么是抽汲诱流效率？

答：抽汲效率是实际抽出水量与理论计算的水量之比，用百分数表示。抽汲效率取决于抽汲强度，抽汲强度大则解堵作用强；抽汲强度又和抽汲速度、抽子与管壁间的严密程度以及抽子的沉没深度有密切关系。在地面动力及钢丝绳强度一定时，沉没深度、抽汲速度受到限制。一般抽汲强度主要取决于抽汲速度。

80．抽汲诱流的施工参数有哪些？如何确定？

答：（1）抽汲时间指抽子的下放与上起时间，用时钟测定。

（2）抽出液量用计量池或计量罐进行计量。

（3）抽子直径用卡钳量取。

（4）含泥、含砂量用含砂量瓶计量。

（5）液面深度指井口到井内液面的深度，其值等于：

$$L=S+S_1+S_2+S_3+h$$

式中　L——液面深度，m；

S——抽子接触液面时钢丝绳进入油管头的长度，m；

S_1——绳帽长度，m；

S_2——加重杆长度，m；

S_3——抽子本身长度，m；

h——油补距，m。

（6）见水深度，指肉眼看见井口抽出液体时抽子在井下的深度，即：

$$H_0 = H - H_1 = H - Vt_0$$

式中　H_0——见水深度，m；

H——抽汲深度，m；

H_1——见水前所起钢丝绳长度，m；

V——抽汲速度，m/s；

t_0——见水时间，s。

见水时间是从上起抽子至井口见到液体的时间。抽汲速度是指单位时间内抽子上起的距离，即：

$$V = \frac{H}{t}$$

式中　t——抽子上起时间，s。

抽汲效率是实际抽出水量与理论计算出水量之比，用百分数表示。

$$\eta = \frac{Q}{Q_0} \times 100\% = \frac{Q}{H_0 q} \times 100\%$$

式中　η——抽汲效率，%；

Q——实际抽出水量，m^3；

Q_0——理论应抽出水量，m^3；

H_0——见水深度，m；

q——每米油管内容积，m^3/m。

（7）抽汲深度，指抽子入井的深度，即滚筒钢丝绳下入井中的长度。为了计算方便，设滚筒直径为 D，滚筒长度为 S，钢丝绳直径为 d，滚筒刹车轮径为 L，二层中心的垂直距离为 h，如图 2—4 所示。

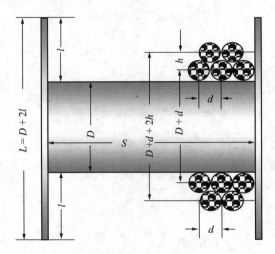

图 2—4　滚筒容量计算图

根据等边三角形求高公式 $h=0.866d$ 及等差级数求和公式推导，可得求任意层之总长度 S_n 的公式为：

$$S_n = \frac{(X_1 + X_n)n}{2}$$

式中　X_1——第 1 层可缠钢丝绳长度，m；

　　　X_n——第 n 层可缠钢丝绳长度，m；

n——层数，无量纲。

滚筒可缠最多层数 B 的计算：

$$B = \frac{1 - \dfrac{d}{2}}{n} = \frac{1 - \dfrac{d}{2}}{0.866d}$$

81. 抽汲诱流所用的抽子有哪些?

答：抽汲诱流对抽汲用抽子的要求是：抽子与油管壁之间的密封性能好，上提时不漏，但阻力又不能过大，容易下放。目前现场应用的抽子有两瓣式抽子（图2-5）；水力式抽子（图2-6）和阀式抽子（图2-7）三种。

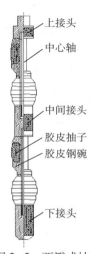

图 2-5 两瓣式抽子

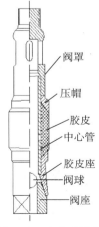

图 2-6 水力式抽子

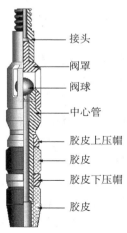

图 2-7 阀式抽子示意图

82．简述水力式抽子的基本原理。

答：水力式抽子下放时液体向上冲开阀球，液体通过抽子进入油管内，阀胶皮由于内外压差消失而处于收缩状态，抽子顺利下行；上提时，阀球在自重作用下坐在阀座上，液柱压力通过中心管的三个孔眼传至胶皮筒，中心管内压力增高，阀胶皮胀大，将油管内截面密封，相当于活塞将液体举升出地面。一般抽子要下到液面以下 150～250m 处，这样在井底可造成 1.5～2.5MPa 的压降。水力式抽子的胶皮筒不但本身与油管密封，还受到液柱重量的压力，受力均匀，密封性好。胶皮质厚耐磨，可连续工作 8h。利用水力式抽子可大大提高排液速度。

83．简述阀式抽子的基本原理。

答：阀式抽子由接头、阀罩、阀球、阀座、中心管、胶皮上压帽、胶皮、胶皮下压帽和紧帽等组成。

阀式抽子上接头是梯形螺纹与加重杆相连接，下井时靠加重杆的重力使之向下运动。这时油管内液体相对向上运动，通过紧帽（中空且内有螺纹，便于下接打捞矛刺钻头等）与中心管顶起阀球。当抽子上行时，由于自重及液柱压力使阀球坐回阀座，胶皮在液柱的压力下紧压在油管壁上，抽子内外通道堵死，将抽子以上的液体举至井口。

84．抽汲诱流要做哪些准备工作？

答：（1）选择好工具，包括防喷盒、防喷管、绳帽、加重杆和抽子。

（2）抽汲管柱：带有封隔器和底部阀的抽汲管柱。

85．简述抽汲诱流的工艺过程。

答：（1）抽汲使用绳直径为 16mm，要求在通井机滚筒上整齐排列，下到最深点时，滚筒上钢丝绳至少留 25 圈，并准确计算每层、每圈绳的长度；

（2）抽汲前先用空抽子试通，检查油管畅通，并对抽汲绳松劲 1～3 次；

（3）下抽子抽汲，抽子胶皮直径要求为 59mm，并在每次检查抽子沉没度，原则上不超过 150m，最大不超过 300m，上提速度必须用快三档。

（4）抽汲的液体进入大罐，大罐要有计量尺子。

86．简述抽汲诱流的注意事项。

答：（1）抽汲下放速度要慢而均匀，快到液面时要控制速度，严防钢丝绳打扭，上提时应尽量快，中途不能停，抽子快到井口时应控制速度；

（2）抽子若卡在油管内，解卡时防止将油管倒入井内；

（3）通井机必须停在距井口 20m 以外；

（4）发现钢丝绳打扭时，用木棒或撬杠解除，严禁用手直接处理；

（5）钢丝绳跳槽打结，应卸去负荷处理；

（6）抽汲最大深度在套管允许掏空范围内；

（7）绳帽、加重杆与抽子连接必须牢固；

（8）使用修井井架时，地滑车与滚筒中心线应位于一条直线上固牢（不能用绳套挂在井架大腿上）；

（9）抽汲时要经常对所用设备、工具进行检查保养，若发现井喷，应迅速将抽子起入防喷管内；

（10）抽汲结束（或停抽）时，抽子不能留在井下。

87．抽汲诱流有哪些质量要求？

答：（1）排液时要随时观察排出液情况，排出液体进入大罐并准确计量，井口防喷盒严密不漏，且长度应大于抽子、加重杆和绳帽的总长度，内径不能小于油管；

（2）排出液量为地层进入井筒中液量的 1.5 ～ 2.0 倍；

（3）每抽 3 ～ 5 次对绳帽、加重杆、抽子进行检查；

（4）抽汲防喷盒长度要大于抽汲工具总长 1m 以上，下端的活接头必须是外螺纹；

（5）抽汲用油管都应通过内径规，管口两端内部加工成 45° 倾角，管柱下部应装有小于油管 1/4in 的油管鞋；

（6）起下作业时，必须记清滚筒上钢丝绳的层数、圈数，且缠紧排齐；下至最大深度时，滚筒余绳不能少于 25 圈并且做好记号；

（7）抽汲前必须试下空抽子（无胶皮）或无球（取出阀球）抽子，抽子下深至少要等于设计抽汲之最大深度；

（8）准确丈量下井钢丝绳，记清抽子下入深度，并做好记号，不得随意估计。

88. 抽汲诱流要录取哪些资料？

答：（1）抽子型号、规格，抽汲深度、班抽汲次数和抽汲液量、速度、液面深度；

（2）累计抽汲次数和液量、氯离子含量、含砂等；

（3）排出物描述。

89. 什么是气举诱流法？它分为哪几类？

答：如果用清水替喷不成，可改用气举诱喷，即向井中压入空气，替出压井液，使井中液柱高度很快降低，从而急剧降低井底回压达到诱喷目的。气举分正气举和反气举。

正气举：从油管压入空气使液体从套管返出，当高压气体到达油管鞋时便和液体混合进入套管，此时油井被举通，井底压力开始下降，随着液气混合物从套管中迅速上升，井底压力便很快降低使油气流入井内并喷至地面。

反气举：从套管压入空气使液体从油管返出，当高压气体到达油管鞋时，便和液体混合进入油管，此时油井被举通，井底压力开始下降直到把油井举喷。

90．简述多级气举阀诱喷法的基本原理。

答：如图 2-8 所示，为装有 4 个气举阀的诱喷法，从套管环形空间压入空气，混气液从油管排出。当套管注入气达到第一个阀时，气体通过阀孔进入油管，使阀以上的油管内充气，形成混气液柱，油管内压力下降，混气液柱从油管排出；当套管中气体到达第二个阀并从此进入油管时，由于两个阀同时进气，气量增大使混气液柱的密度减小，油管内压力进一步下降，于是第一个阀关闭，此时只有第二个阀进气举升液体；当套管中液面被压到第三个阀时，此阀进气工作，第二个阀自动关闭。这样，各阀依次工作，直到把井中液面降到预定的深度，地层流体将流入井中并从油管喷到地面。

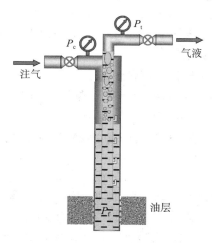

图 2-8　气举阀诱喷法

91．如何选择气举诱流的方法？

答：当泵压和压入井中气体深度相同时，反气举压入的气量多，举出的液体多，能使井底压力下降得多些。可根据这个特点和油层的特征等来选择气举方式。气举使用的高压压风机有 S-10/150 或 SF-150 型，工作压力为 14.5MPa，能举的最大深度为 1500m 水柱。若油管下入深度超过 1500m 就不可能举通，可采用多级气举阀气举诱喷法。

气举法诱喷能迅速排出井中液体，使井底回压有比较大的下降，适用于岩层坚硬、不易出砂和坍塌的油井诱喷。

92．气举诱流施工要做哪些准备工作？

答：(1) 压风机一台（工作压力为 12 ～ 15MPa），30MPa 压力表一块，250mm×30mm 活动扳手一把，900mm 管钳两把，大手锤一把，活动弯头三副，ϕ73mm 活接头三副，ϕ73mm 油管 60m，钢板尺一个，13m³ 计量罐一个，2mm 油嘴（或针型阀）一个，油嘴扳手一个；

(2) 准备氮气及液氮泵车（因为使用空气极不安全，空气与油气混合易爆炸）；

(3) 连接固定进出口管线；

(4) 气举管柱组合：由下至上依次是油管鞋（或斜尖）+油管 + 油管挂 + 油补距。

93．简述用井内光油管进行气举诱流施工的工艺过程。

答：(1) 接气举进出口管线，套管进、油管出（进口管线必须装单流阀），套管另一侧阀门装好适当量程的压力表；

(2) 开采油树出口管线的油管生产阀门及总阀门，关采油树其他所有阀门，进行气举管线试压，试压压力为工作压力的 1.2 倍；试压稳压 5min 不刺漏为合格，如管线试压刺漏，应立即停压风机放压，查明原因处理后，再进行试压，直至合格；

（3）开采油树两翼套管阀门，反气举至设计压力（或出口出气有明显喷势）时停止气举；

（4）关套管阀门和油管生产阀门，卸掉反气举管线，将针型阀装在采油树套管阀门上，接好放气管线；

（5）用活动扳手稍将针形阀拧开控制放气（若装油嘴控制放气，则选用 2mm 油嘴，一般放气速度控制在每小时压降为 0.5 ~ 1MPa），直至套压降至零，关好油管、套管阀门；

（6）放完气后，用钢板尺测量罐内被排出的液量。

94. 简述用井内管柱带有气举阀或气举孔短节进行气举诱流施工的工艺过程。

答：用井内管柱带有气举阀或气举短节进行气举诱流的方法常用于深井或需排出大量液体的施工井。其工艺过程为：

（1）将洗井管柱下至油层以下 2 ~ 3m 处；

（2）连接地面管线；

（3）先用水泥车向井内泵入液体，待井口返出液体时停止水泥车供液，启动压风机，开始供气，进行气举诱喷；

（4）排液量达到设计要求后，关住进气阀门，停止压风机供气；

（5）分析排液测定数值，确定气举质量；

（6）拆除地面管线，起出气举管柱；

（7）下投产管柱，完井生产。

95. 简述对于气举深度超过 1500m 的油井进行气举诱流施工的工艺过程。

答：（1）将油管下入 1500m 深度，举通后放气、抬井口，并且迅速将油管（现场叫抢下油管）加深至预计深度，坐回井口再气举；

（2）下油管至油层中部，在 1400 ～ 1500m 处装配产器，先将配产器以上举通，再继续向下举，可以不用改换大功率压风机而增加气举深度；

（3）下油管至油层中部，用反气举法在压风机压力达到最大之后停举，然后用适当油嘴控制放套管气，在较短时间造成较大的压差，使油、气流入井内达到自喷。

96．简述利用气举阀进行气举诱流施工的工艺过程。

答：采用反气举，当高压气体由套管压入，使油套管环形空间液面下降至气举阀后，气体顶开阀球进入油管，使液体汽化，相对密度降低，从而喷出井口。

气举阀一般都是 2 ～ 3 个联用，在液面以下 800 ～ 900m 处接一个较小的阀（3mm），然后向下每隔 200 ～ 300m 接一个 4 ～ 5mm 的阀。这样可以不增大设备能力而加深气举的深度。

97．进行气举诱流施工要注意哪些问题?

答：(1) 气举时，管线采用耐高压的硬管线。应对管线进行试压检验，试泵压力为最高工作压力的 1.5 倍。设备应停在井口上风处，距井口和计量罐距离不得小于 15m。

（2）井内管柱较浅时，泵压不应过高，以防举通。

（3）套管放压时，必须缓慢放压，以防地层激动出砂。对于出砂井不宜用此法。

（4）发现油管被举通，立即停止气举，关死油、套管阀门，接放喷及放压管线进行放喷，以防地层出砂。

（5）控制气举强度，防止油、水飞溅出罐。

（6）压风机开始启动时，起初压力不应过大。

（7）为防止出现井喷和造成井堵，气举前在出口处装较大的油嘴，以适当控制井内回压。

（8）油井需放掉井筒气后气举，中途出现管线刺漏，应停压风机，关套管阀门，放压后再进行。

（9）气举排液时必须先打隔离液，其水量要大于 $1m^3$，严禁井下管柱爆炸。

（10）出口管线口应装弯头，并固定牢固。

（11）排气管应装消声器、防火网。中途修管线（有刺漏现象）时应停车、关井，慢慢放空。一旦发生井喷，应立即停止气举。

（12）井内有天然气时，为防止爆炸，不宜采用气举法诱喷。

98．进行气举诱流施工有哪些质量要求？

答：（1）气举进、出口管线必须接硬管线，出口管线地锚固定，出口不允许接 90° 死弯头；

（2）进口管线试压不得低于气举设备最高工作压力，并在进口连接处装单流阀；

（3）气举完工后必须放尽油管和油套环形空间的氮气才能关井或求产，否则测试资料不准确。

99．进行气举诱流施工要录取哪些资料？

答：（1）井下管串规范及深度、气举方式；

（2）压风机压力、排量及气举深度；

（3）气举开始及结束时间、出口见液时间、排出液量；

（4）累计排液量、排出物描述；

（5）化验结果。

100．什么是放喷排液？

答：油气井在经过各种诱流后，井内还有压井液、泥浆和其他脏物。为了使这些脏物不至残留在井内对油气层起破坏作用，同时能尽快得到准确的地质资料，在正式测试前必须使井内脏物喷出，直到喷出的流体全部都是出自所试地层为止。此工作称为放喷排液。

101．简述放喷排液的工艺过程。

答：(1) 将油管在选好接管线的位置一字摆开，首尾相接，接箍端朝井口；

(2) 钢丝刷将油管螺纹刷干净，抹好螺纹油，再用900mm 管钳将两条油管线分别连接；

(3) 用油管支架将管线悬空部分架好；

(4) 计量排出物液量。

102．简述放喷排液的注意事项。

答：(1) 为排出油管、套管环形空间的积液，先打开井口套管阀门，通过套管放喷管线有控制地放喷；

(2) 放喷量超过井筒容积，立即取样化验，含水稳定后求产；

(3) 通过井口适当控制回压，以免井底压差过大、流速过快，破坏油层结构，引起油井大量出砂甚至坍塌，或井筒压降过大，套管被管外压力挤坏；

(4) 为加快放喷速度可采用油管、套管放喷交替进行；为节省地层能量，缩短放喷时间，应不断地取样化验，以便及时进行测试工作；

(5) 放喷必须彻底，否则会引起地层污染。

103．简述放喷排液的质量要求。

答：(1) 放喷管线由采油树出口接到计量罐，要求与气举出口管线相同；

（2）放喷若超过井筒容积，立即取样化验，当含水量小于10%并稳定后，改为油管用大油嘴控制放喷，直到井内脏物喷净为止；

（3）接放喷地面管线所用油管必须无裂痕、无腐蚀；

（4）各部位连接要牢固，保证不刺不漏，接管线时，井口压力表一定要卸掉，防止震坏；

（5）放喷管线距井口长度不少于50m。

104. 放喷排液要录取哪些资料？

答：（1）放喷方式、起止时间、油嘴大小、井口压力及放喷量的录取；

（2）出口液体的化验结果（包括氯离子含量、含砂、含水等）。

105. 试油工作录取的资料有哪些类型？

答：试油工作的目的是求取试油资料，这是整个试油过程的关键。只有取全、取准全部资料，才算完成了试油任务。试油工作录取的资料有：

（1）油层压力：它的高低反映油层能量的大小。试油井的油层压力，代表油层开发前的原始地层压力。测压时油层压力必须恢复，以实测地层压力为准，不能用压力恢复曲线推算。

（2）流动压力：油井正常生产时，油气在井筒中流动时测得的油层中部压力。它的大小与井口油嘴直径大小有关。油嘴大，流动压力低；反之则高。测试和计算方法与测地层压力相同。

（3）产油量：通过试油把油层的产油量搞清楚。产油量测量工具和计算方法很多，试油井常用油气分离器玻璃管量油法。用体积法求出单位时间内的体积，测出原油的相对密度，便可计算出日产油量。测试必须要产油量稳定，若产油量波动大，则需重复计量，以便求出稳定值。

（4）产气量：油层中的流体流到井底，又从井底升到井口，在此过程中，压力和温度不断下降，使天然气不断从原油中分离出来，成为游离状态的天然气，经分离器后油、气进一步分离成脱气原油和纯天然气，产气量可从分离器出气管线上测量。试油井常用垫圈流量计测量。

（5）油气水样：自喷油层求产前，用深井取样器进行高压物性取样，交送实验室进行分析得到原始油气比、饱和压力等资料，预探井试油要求进行系统试井。

106．简述自喷井稳定试井的基本步骤。

答：自喷井的稳定试井：稳定试井又称系统试井，它是通过改变油井的工作制度（更换油嘴）进行产量、压力等测试，从而确定油井合理的工作制度，并推算有关油层参数。稳定试井的基本步骤如下：

（1）油井放喷合格后，关井测静上压力、油层温度、温度梯度和压力梯度；

（2）关井求地层压力后，用小油嘴开井，进行高压物性取样；

（3）稳定测试：工作制度改变范围尽量大些，一般应由小到大至少使用四种工作制度进行测试，每更换一次油嘴应连续求产 24h 以上，并取得稳定的日产油、气、水量和油气比、油水比、流压、含砂、含水等资料以及油、气、水分析样品。

107．非自喷井是如何求产的？

答：非自喷井根据油层供液能力的大小和流体性质的不

同，可选用抽汲和气举法求产。

抽汲求产就是按地层供液能力的大小采用定深、定时、定次数抽汲，使动液面始终保持在一定深度。

试油时，对非自喷井或不能连续自喷的井采用低压油量法，就是在常压下，油、水进量油池或储油罐内计量。

低于工业油流标准的井，由于地层供液能力差，采用上述非自喷井求产方法有一定困难。一般要求这类井经混排、举抽或其他方法后，将液面降至要求掏空深度范围内，可采用测液面配合井底取样的方法确定产能。

108. 自喷井求产有哪些质量要求？

答：自喷井求产根据油井自喷能力，选择合适的油嘴进行测试，求得稳定的产量、压力和液性资料，具体要求如下：

（1）日产油量大于 $100m^3$ 的井，连续求产 3 个班，波动小于 10%；

（2）日产油量 $100 \sim 20m^3$ 的井，连续求产 4 个班，波动小于 10%；

（3）日产油量小于 $20m^3$ 的井，连续求产 2 天，波动小于 15%。

109. 间喷井求产有哪些质量要求？

答：求产确定合适工作制度，定时开井或定压开井求得连续 3 个间喷日周期产量（波动范围 10% ~ 20%），即为该层的产能。

（1）定时开井，就是按一定的时间周期开井计量油、气、水量，并取样分析，到停喷时再关井；

（2）定压开井，即当油压或套压升到油井能自喷的压力值时，开井生产计量油、气、水量，并取样化验，停喷时关井。

110．非自喷井求产有哪些质量要求？

答：（1）抽汲连续求得两天的油水稳定产量及油水分析样品，产量波动范围小于 20%。

（2）抽汲计算油量时，在量油罐检尺必须进行扣气。取一定体积原油样品边搅拌边加入汽油或柴油，使原油样品保持原来的一定体积，待气体置换干净后，记下所耗汽油（柴油）的体积，该方法为原油含气量测定。含气量计算公式为：

$$含气(\%) = \frac{所耗汽油(柴油)体积}{原油取样体积} \times 100\%$$

（3）气举求产把油管完成至某一位置，采用定深定时定压气举，求得油层产液量。气举周期由油层供液能力确定。连续求得两个日周期以上产量，波动范围小于 20% 为合格。

（4）气举加洗井求产对稠油井可将油管提到一定位置，用清水（热水）将原油替出计量，然后用压风机将油管鞋以上水掏空，等液面上升后再替出原油来计量，连续求得三个周期产量。此法只能粗略求得近似产量，地层是否出水无法落实。

111．自喷井求产要录取哪些资料？

答：（1）油嘴直径、油压、套压、日产油量、日产水量、日产气量、油气比、含水、含砂；

（2）油分析、水分析、气分析、高压物性样品；

（3）流压、静压、压力恢复曲线、静温、流温；

（4）累计油量、累计气量、累计水量。

112．非自喷井求产要录取哪些资料？

答：（1）抽汲求产应取资料：

①工作制度（抽汲深度、次数、动液面）、日产油量、日产水量、含水、含砂；

②油分析、水分析、累计油量、累计水量、静压、静温。

（2）气举求产应取资料：

①气举方式，气举时间，气举次数、压力、深度；

②日产油量、水量，累计油量、水量，油分析、水分析，静压。

113．低产井求产要录取哪些资料？

答：（1）根据液面上升计算产液量：采用气举或混排降低液面后，下入压力计连续测液面恢复（或间隔24h测点），根据压力上升值计算对应时间的液面深度，再折算成日产液量：

$$日产液量(m^3) = \frac{两个液面深度差(m)}{恢复时间(min)}$$

$$\times 油管流通容积(m^3/m) \times 1440$$

（2）测液面同时下入井底取样器进行取样，判断地层是否出水；

（3）求产结束后，反洗井，准确计量油井累计出油量，折算出口产油量和油水比，并取油样分析；

（4）测液面求产应取资料：

时间（起、止、间隔），液面深度及上升高度，日产油水液量，井下取样时间及深度，洗井时间、深度，进、出口量，累计油量，油分析、水分析。

114. 什么是封闭上返？经常用的方法是什么？

答：一个试油层试油完成后，若需封闭上返其他层位时，可按井下情况和方案要求确定上返方法。一般常用井下封隔器，另外还有注灰、填砂压胶木塞、桥封、电缆式桥塞等方法。

注灰：是分层试油封闭水层常用方法，它是将油管下至预计水泥塞底界，将计算好的水泥浆替到预计位置，然后上提油管到预计水泥塞面反循环，将多余的灰浆冲洗掉，最后上提油管，关井候凝。

填砂：试完油后，填砂至预计位置，经探砂面、试压符合要求即可，还可填砂压胶塞配合使用。方法是填砂至预计位置，打入胶木塞，在胶塞上面再填砂 $2 \sim 3m$ 以防移动。该方法适用于封闭低压低产层或干层。

可钻桥塞：采用可钻桥塞试油井下工具代替水泥塞进行分层试油，在需要钻掉时能顺利地完成。它作为油、气井进行分层作业时，暂时或永久性封堵下部油、气、水漏层，对上部多产层进行高压酸化、压裂、选择性酸化及测试的重要手段。

115. 封闭上返有哪些质量要求？

答：（1）注灰时井下应清洁，液面平稳无气浸、无漏失；

（2）灰浆严格按试验配方配制并搅拌均匀，替灰浆用的液体应与油管外液体密度一致，并要准确计量；

（3）替完水泥浆后应上提油管至要求水泥塞面以上 1m 左右反循环洗井，反洗后上提油管不少于 50m（5 根）；

（4）注灰后的口袋一般不少于 10m；

（5）试压时，清水正加压，ϕ152min ～ ϕ140min 套管 12MPa，ϕ180mm 以上套管 10MPa，经 30min 压降不超过 0.5MPa 为合格。

116. 封闭上返要录取的资料有哪些？

答：（1）注灰时应收集注灰井段、灰浆密度、用量、候凝时间、实探灰面深度、试压结果等资料。

（2）水泥塞灰浆量计算公式：

$$V = \frac{\pi D^2}{4} h\beta$$

式中　V——水泥塞灰浆量，m³；

　　　D——套管内径，m；

　　　h——设计水泥塞厚度，m；

　　　β——灰浆附加系数，%。

（3）填砂时应取得填砂方式、填入总砂量及砂粒直径、携砂液总量及砂面深度等资料。

117. 简述完井下生产管柱施工的操作步骤。

答：（1）用钢卷尺或钢板尺测量出下井工具的长度，并记录下来；

（2）根据施工设计，确定油补距长度及下井管柱中各个下井工具的深度；

（3）根据油管记录数据和所测量的下井工具长度，计算出设计管柱下井油管的总根数；

（4）根据下井工具的设计深度，计算出各工具之间的油管根数和所配的油管短节长度；

（5）根据施工管柱结构，画出结构示意图，并将下井工具名称及下井工具之间的油管根数以及各工具的完成深度，标注在管柱结构示意图上；

（6）根据下井油管的先后顺序，分别清楚地将各下井工具之间的油管根数在油管桥上数出来，然后分别在需连接工具的那根油管上用铅油或麻绳等物打上清晰明显的标记（一般长度较短的工具应接在油管尾端），并在配完下井管柱后把多余的油管与下井油管分开；

（7）按配好的管柱顺序依次下井即可。

118．简述完井下生产管柱施工注意事项。

答：（1）管柱配备计算必须准确，计算顺序正确；

（2）油管桥上排放的油管顺序，必须与油管记录上的记录顺序一致；

（3）现场配下井管柱时，每数出一段工具与工具之间的油管根数，均需在与工具连接的油管上打上明显的标记；

（4）把剩余不下井的油管，用麻绳捆绑好，使其与下井油管隔开，以免多下或少下油管。

119．简述完井下生产管柱的质量要求。

答：（1）下井油管、抽油杆保持清洁、完好，油管要用通径规逐根通过方可下井使用；

（2）下井油管、抽油杆和其他工具逐根逐项编号登记，管柱要符合设计要求；

（3）下井油管、抽油杆和其他工具的螺纹要保持清洁，并均匀涂抹密封脂，螺纹按要求上紧，管柱下放要平稳，如带封隔器，下放速度为 40 根/h，遇阻严禁强下；

（4）支承式和卡瓦式封隔器坐封负荷为 80 ～ 120kN，卡封位置应在夹层中上部；

（5）进油孔和循环孔一律与封隔器直接相接，对全井和封上采下管柱，尾管底部要接喇叭口，不准接节箍或以光管外螺纹完井。

120．简述用液压井架车放 18m 井架的施工步骤。

答：（1）将井架车摆正，尾部冲向井架后面；将井架车尾部定长钢丝绳挂在井架支脚销轴上，操纵液压缸，支好液压千斤支脚，使井架车保持平衡；

（2）操纵液压缸，使井架车立放架靠在井架上；

（3）摘掉前绷绳，操纵液压缸慢慢收回立放架；

（4）井架放至 70°左右，停止收回立放架，摘掉后绷绳，将绷绳拉至井架底座处，用手分别将其甩靠在井架后背上，剩余部分绷绳盘在井架底座上捆牢；

（5）继续操纵液压缸，收回立放架，使井架平卧在井架车立放架上，打牢固定装置；

（6）井架车开离井场。

121．简述放 29m 井架的施工步骤。

答：（1）检查井架绷绳坑，装卡底座绷绳，调节花篮螺栓；

（2）拆掉井架前二道绷绳，摆正井架车；

（3）绷扒杆绷绳，上井架挂滑车，拆掉井架前第一道绷绳；

（4）全面检查并放井架；

（5）摘掉游动滑车，拆掉井架绷绳，井架车扒杆绷绳，底座绷绳；

（6）放落二层平台，将二道绷绳盘好，卸掉井架上段与中段及中段与下段连接螺栓。

122．简述放 18m 井架的施工注意事项。

答：（1）井架车主车及立放井架液压系统各部必须完好，运转正常；

（2）严格按照操作规程平稳操作；

（3）卸下的井架绷绳必须理顺、盘好，严禁打扭；

（4）液压千斤支脚必须吃力均匀，车体架空保持水平；

（5）井架必须完全靠放在立放架上，严禁悬空。

123．简述放 29m 井架的施工注意事项。

答：（1）将井架绷绳，绷绳坑（地锚、桩子）全部检查一遍，观察是否有缺少或不牢固现象；

（2）装卡底座绷绳、调节花篮螺栓时，要求使其绷紧，各道调匀；

（3）拆掉井架前二道绷绳，将其中一根卡在井架下端横梁上（如果折叠式平台，将悬吊绳拉紧，提升平台至紧贴井架立栓，用绳捆牢）；

（4）摆正井架车，扒杆起升到位，打牢全部千斤支脚；

（5）将井架车扒杆绷绳卡好，挂牢、绷紧，各道调至松紧一致；

（6）上井架挂滑车，提升游动滑车至井架起重绳处，将游动滑车与起重绳环连接牢固；

（7）对放井架准备工作进行全面检查，发现问题立刻整改；

（8）各岗位各就各位，压后绷绳，用井架车控制井架下放速度，逐渐放平，井架垫高 30 ～ 50cm，以便于拆卸井架。

124．简述安装采油树施工操作步骤。

答：（1）采油树运送到井场后，首先检查各部件是否齐全、完好，阀门开关是否灵活好用，然后用 46mm 套筒扳手从套管短节法兰处卸开；

（2）取下钢圈槽内的钢圈，放置在不易磕碰的地方；

（3）卸去套管接箍和采油树套管短节的护丝后，用钢丝刷子将套管短节螺纹和套管接箍螺纹刷干净，并认真检查螺纹是否完好，螺纹损坏者不能安装；

（4）将密封带按逆时针方向从靠近法兰一端缠绕在套管短节螺纹上；

（5）两手端平，将套管短节外螺纹慢慢放在井口套管接箍上，逆时针转 1～2 圈对扣；

（6）对好扣后，按顺时针方向正转上扣，当用手转不动时，将一根 4～6m 长的加力杆一头平放在法兰上，并用两条井口螺栓别住加力杆（注意：螺栓要带上螺帽以保护螺纹），推动加力杆顺时针旋转将套管短节上紧；

（7）钢圈槽内抹足黄油，把钢圈放入槽内上部，再抹些黄油；

（8）用钢丝绳套挂在采油树本体和游动滑车大钩上，缓慢吊起采油树本体和大四通；

（9）缓慢下放，将采油树本体和大四通坐在套管短节法兰上；

（10）左右转动采油树，使钢圈进入大四通底法兰的钢圈槽内，转动调整采油树方向，对角上紧四条法兰螺栓，摘掉绳套；

（11）将剩余的法兰螺栓对角用 46mm 套筒扳手上紧，并用手锤砸紧。

125. 简述安装采油树施工注意事项。

答：（1）采油树安装一定要按操作顺序进行，大四通上、下法兰缝间隙要一致，螺栓上紧后上部统一留半扣，采油树安装后要平直、规格、美观；

（2）钢圈上只能用钙基、钾基、复合钙基等黄油，绝不允许用钠基黄油；

（3）安装过程中要相互配合，确保安全操作；

（4）对于没有塑料密封带的施工单位，在连接套管短节和套管接箍时，也可用其他合格的螺纹密封脂（油）；

（5）平整井场。

第三部分　油气井测试

126．试井求产要做哪些准备工作？

答：设备的准备：试井绞车，深度计量装置和防喷装置。

试井仪表的准备：井下压力计、井下流量计选择，井下温度计和井下取样器的准备。

127．简述自喷井试井求产施工步骤。

答：(1) 可安装分离器量油，量过的油引入高架罐或土油池；

(2) 在下有配产器的分层测试管柱中，可将井下产量计与配产器的导液密封段或油井测试密封段相配合，以测试油井各层段的产量；

(3) 井口压力测量由装在井口装置上的仪表读出压力测量值；

(4) 将压力计在开井的情况下下入井中，到油层中部前 1～200m 停一个台阶（或测一个压力数值），下到预定深度（尽量接近油层中部）再停一个台阶（或测一个压力数值），算出油层中部深度的流动压力；

(5) 将压力计下到井底，并测得最高压力点，这个压力再换算到油层中部就是该井的静止压力；为了在试油中尽量减少关井时间，目前广泛使用压力恢复曲线计算油井的静止压力；

（6）将压力计下到井底后，关井一定时间，可测得油井压力恢复曲线；分层测试时，在配产器密封段上部接产量计，下部接压力计，一起下井，可测出该层的产液量及流动压力；如只测分层静压，则仅把配产器装死油嘴接压力计下井，测出分层压力恢复曲线，求静止压力。

128．简述机抽井试井求产施工步骤。

答：（1）采用计量罐量油，根据计量罐容积和高度的关系，在一段时间内，用钢卷尺量出罐中的液面深度差，可直接查出原油日产量；

（2）井下取样工艺与自喷井的相似。

129．简述注水井试井求产施工步骤。

答：（1）测试前，在最高压力下放大注水量 8h（最高压力应不超过地层破裂压力的 70%）；

（2）检查井口流程和压力表，校对流量计或水表；

（3）选择合适挡板，使流量计卡片读数在 30～80 格；

（4）一律采用压降法测试：第一点选用最高压力的注水量，稳定 30min，其余各点稳定 15min，边测试边画曲线，发现异常点立即补测；

（5）水表计量的井，要求每点反复读 5 次，取平均值；每测一点必须有 5 次水表读数记录，每次间隔不少于 5min，按 5 次记录的平均值算出每点的日注量；一般要求测 5 个点，每点间隔 0.5～1MPa；每改变一次压力，必须待水井注水量稳定后才能进行下一点测试。

130．自喷井试井求产的质量要求有哪些？

答：试井中要求测试资料准确、齐全，对井下管柱及井下结构清楚。

（1）根据地层要求选择油嘴，一般对分层测试的同一口井应选择同一直径的油嘴；

（2）油、气、水资料由三相分离器自动测试记录；

（3）一般以连续两天日产量稳定为合格，探井需连续三天日产量稳定为合格，稳定标准：

①日产量大于 20m³ 者，波动值小于 5%；

②日产量小于 20m³ 者，波动值小于 10%；

③日产量小于 5m³ 者，波动值小于 15%；

（4）在井口或油气分离器处采取样品；

（5）产量过低者可适当放大油嘴测出油量。

131．非自喷井试井求产的质量要求有哪些？

答：（1）要连续一天日产量稳定为合格，探井要连续两天产量稳定为合格，稳定标准：

①日产量大于 5m³ 者，波动值小于 10%；

②日产量小于 5m³ 者，波动值小于 15%；

（2）在套管允许掏空深度和不破坏油层结构条件下，尽可能降低油层回压，排出井筒替喷液；

（3）在地层水生产稳定后，进行定深、定时、定次（抽汲、提捞时）或定井口压力（气举时）求产；

（4）低压层或干层在气举排液至套管允许掏空范围内，地层不出砂的情况下，采取测液面求产；

（5）在抽汲、提捞或气举时，排尽管线残油后，在管线出口处取样；

（6）对油、水同层，应求油水比稳定情况下的产油量。

132．试井时油、气、水取样的质量要求有哪些？

答：（1）原油及地层水取样：自喷井和间喷井在井口处

或油气分离器处采取样品，非自喷井在管线出口处取样。

（2）天然气取样：连续测量天然气密度，待密度稳定后，在井口或分离器出口处取样。

（3）原油、天然气、地层水全分析：各取样品2支。气样和水样每支500mL，油样每支取300mL。2支油样相对密度差小于0.5%；2支水样水型一致，氯离子含量相差小于10%为合格；天然气样含氧小于2%，2支样品相对密度小于2%为合格。

（4）高压物性取样：自喷油层在井底脏物喷净，原油含水小于2%，油层压力大于饱和压力的情况下取样，每次取样不得少于4支，2支以上分析结果相等、饱和压力值相差小于1.5%为合格。

133．试井时通过原油取样化验分析如何计算出原油含水百分比？

$$X_1 = \frac{V_1 - V_2}{V} \times 100\%$$

$$X_2 = \frac{V_1 - V_2}{m} \times 100\%$$

式中　X_1——原油含水体积分数，%；

　　　X_2——原油含水质量分数，%；

　　　V_1——油样中水的体积，mL；

　　　V_2——油样分析中溶剂空白试验水的体积，mL；

　　　V——油样的体积，mL；

　　　m——油样的质量，g。

134．试井求产注意事项有哪些？

答：（1）对于自喷井不能自动计量油气的，分离液体用质量法计量；气量小于 8000m³/d，采用垫圈流量计测气；大于 8000m³/d 者，采用临界速度流量计测气；

（2）临界速度流量计下流压力与上流压力的比值不得小于 0.546；

（3）对于封隔器分层试油井，一般用井下浮子式流量计，井下测量分层产油量；

（4）取样时井底脏物一定要排尽；

（5）井下取样采用小油嘴正常生产，要求井底压力大于饱和压力；

（6）对于抽油井测试，测试仪器下井前要检查偏心抽油井井口及抽油机刹车装置是否完好和性能可靠；

（7）仪器的保管和组装需严格执行操作规程。

135. 试井求产要录取哪些资料？

答：（1）选择油嘴尺寸、测试层位、时间、深度；

（2）选择测试工具尺寸、型号；

（3）地面及井下测试产量、压力、温度，计算总产量；

（4）取样量、取样时间、取样工具、对应压力；

（5）化验结果；

（6）根据试井设计的要求，填写测压原始记录。

136. 什么是钻柱测试？

答：钻柱测试（简称 DST 测试）是在钻井过程中（或完井之后），用钻杆（或油管）将地层测试器下入井内，通过地面操纵，使地层测试阀打开、关闭，对目的层进行开井、关井测试，录取目的层的压力随时间变化的关系曲线，对曲线进行分析解释，计算确定出储层的产能、流体特性及地层动态特性参数，及时对储层做出评价。

137. 钻柱测试的目的是什么？

答：（1）探明新地区、新构造、新层位是否具有工业油气流，验证油、气层的存在；

（2）计算油气田的含油面积、油水边界、油气边界，确定油气藏的驱动类型和油气的生产能力；

（3）通过分层测试，取得分层的测试结果，计算出储层和流体的特性参数，为估算油、气储量和制定油气田开发方案提供依据。

138. 钻柱测试的优点是什么？

答：（1）在钻进过程中，及时通过气测、泥浆录井、岩屑录井和电测等资料，发现有油气显示，可立即进行钻柱测试，搞清地层和流体性质，及时发现油层、气层，避免漏掉有工业开采价值的储集层；

（2）减少泥浆对地层的损坏，所取得的资料能真实反映地层情况，可准确推算出原始油藏压力；

（3）由于实现井下开关井测试，使得井筒储集效应的影响最小，可有效地进行资料解释；

（4）测试时间短、效率高，一般完成一个层位测试只需1～2天，大大加快了勘探、开发速度。

139. 钻柱地层测试器的基本工作原理是什么？

答：用钻杆将地层测试器下到测试目的层，通过地面操作，使封隔器膨胀坐封于测试层的上部，将钻井液和其他测试层段隔离开。然后通过地面控制打开测试阀，使测试层段的地层流体经筛管和测试阀流入测试管柱内，压力记录仪记录流动压力与时间的关系曲线。流动一段时间后，通过地面操作关闭测试阀，记录压力恢复与时间关系曲线。如此按要求开井、关井，记录相应的压力动态资料，在终关井时，还要录取流体样品做高压物性分析。整个压力记录过程可记录在一张金属卡片或磁盘上，由使用的压力计而定，压力随时间变化的关系记录卡片如图 3—1 所示。测试过程从右到左，当工具下到井底，钻井液柱压力达到最大值 A 点，从 A 点开始坐封，打开测试阀，使测试层与钻杆内连通，压力急剧下降，进入初流动期，经过 5～30min，压力逐渐上升到 C 点，结束了流动期，此时由地面控制关井，压力从 C 点逐渐恢复到 B 点，此时再操作测试阀，使测试阀处于打开状态。从 D 点开始又关闭测试阀，压力又逐渐恢复至 E 点，最后解封，钻井液柱压力又作用于压力计上，升至 F 点，此后将测试工具起出井眼，压力回落到基线上，整个测试过程结束。

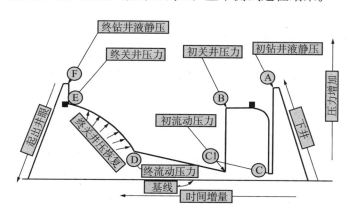

图 3—1　两次开井关井的压力记录卡片

140. 钻柱测试分哪几类？

答：钻柱地层测试的种类，按井况不同分为裸眼测试和套管测试；按作业方式不同分单封隔器测试（常规测试）、双封隔器测试（跨隔测试）和联合测试，按选用的工具操作方式不同分提放式操作工具测试（MFE 和 HST 测试，称常规测试）和压控操作工具测试（PCT 和 APR 测试，称压控测试）。

141．什么是 MFE 地层测试器？

答：MFE 地层测试器是一种常规地层测试工具，有95.2mm 和 127mm 两种型号，可用于不同尺寸的套管井和裸眼井地层测试，由多流测试器、旁通阀和安全密封封隔器等组成。

142．MFE 地层测试器的工作原理是什么？

答：(1) 下井时多流测试器的测试阀关闭，旁通阀打开，安全密封不起作用，封隔器胶筒处于收缩状态。

(2) 流动测试：测试工具下到井底后，下放钻柱加压至预定负荷，封隔器胶筒受压膨胀密封空间，旁通阀经过延时后打开，钻具自由下落 25mm，这是测试阀打开的显示，地层流体经筛管和测试阀流入钻杆，压力计记录流动压力的变化，直至预定设计时间。

(3) 关井测恢复：上提管柱至"自由点"悬重（即上提管柱时指重表上悬重不再增加的那个悬重数），并比"自由点"悬重多提 8.9 ～ 13.6kN 的拉力；然后下放管柱加压至原坐封负荷，在换位机构的作用下，测试阀关闭，进行关井测恢复压力；重复上述两操作，即可测得多次流动和关井的资料。

(4) 起出工具：测试结束后，上提管柱施加拉力，经延时后，旁通阀打开，平衡封隔器上下方的压力，安全阀仍关闭，即可解封起出工具。

143．什么是 HST 测试工具？

答：HST 测试工具是一种液压弹簧地层测试器，有常规和全通径两种类型。HST 常规测试工具有 ϕ 98.4mm 和 ϕ 127mm 两种型号，可用于不同尺寸的套管井和裸眼井地层测试。HST 全通径测试工具一般用于大产量井测试，由 HST 测试器、伸缩接头、VR 全接头（带旁通孔）、RTTS 封隔器等组成。

其工作原理与 MFE 测试工具作用原理基本相同。

144. 什么是压控测试工具？

答：压控测试工具适用于大斜度井及复杂井况的测试，包括常规的 PCT、全通径 PCT 和全通径 APR 工具，一般均在套管内使用。测试时不需移动管柱，而是从环形空间加压来控制测试阀，实现多次开关的目的。

145. APR 测试器的工作原理是什么？

答：下井时测试两端受钻井液液柱压力的作用，处于平衡状态，测试阀关闭；当向环空增加压力时，测试球阀打开，放空环空压力时，测试球阀自动关闭。如此反复加压、卸压即可实现多次开关井测试。

146. APR 测试器的优点是什么？

答：不移动管柱而是从环形空间加压操作测试阀，操作简单方便；测试时对高产井特别有利，有效地利用测试时间；可对地层进行酸洗或挤注作业；可进行各种绳索作业；对斜度较大或定向井的测试有利。

147. 什么是 PCT 测试器？

答：PCT 测试器专用于海洋浮船测试、海洋自生式钻井平台、海洋固定平台以及陆地大斜度井的测试，主要由外筒、取样器、控制心轴弹簧、氮气室和平衡活塞组成，是一种滑套型测试阀。下井前预先充好氮气，滑阀靠氮气室的压力和弹簧的弹力作用保持关闭，下井过程中因氮气室两端承受的钻井液柱压力是平衡的，直到坐封后，测试阀处于关闭位置。当从环形空间打压 7 ～ 11MPa 的泵压时，滑阀打开即测试阀开启，进入流动期测试；当需要关井时，只需放掉环形空间压力，测试又回到关闭状态，即可进行压力恢复测试。重复上述过程，即可完成多次开、关井的测试。

148．什么是膨胀式测试工具？

答：膨胀式测试工具主要用于砂泥岩裸眼井的测试，其胶筒有较大的膨胀率，能有效地封住不规则的井壁，可在 152 ～ 311mm 的裸眼井内自下而上逐层进行测试，并能一次下井，封隔器可反复多次坐封进行多次测试。膨胀式测试工具由液力开关、取样器、膨胀泵、滤网接头、上封隔器、组合带孔接头、下封隔器、阻力弹簧器等组成。

149．膨胀式测试工具的测试原理是什么？

答：（1）下井时关闭测试阀，旁通通道连通上、下封隔器，使封隔器处于收缩状态；

（2）封隔器充压膨胀：测试工具下至预定深度位置后，向右旋转钻具以 60 ～ 80r/min 速度转动膨胀泵，将过滤后的环空钻井液吸入并充到上、下两个封隔器胶筒中，使其膨胀坐封；

（3）开井流动测试：下放钻具并加压 66.7 ～ 89.0kN 负荷，打开测试阀进行流动测试；

（4）关井测压：上提钻具并施压 8.9 ～ 22.3kN，测试阀即可关闭，进行关井测试恢复压力，这样重复上提下放操作即可进行多次开关井测试；

（5）解封、上起工具：测试完毕后，下放钻具给膨胀泵加压 22.3kN，再向右旋转钻具 14 圈，使膨胀泵离合器啮合，钻具自由下落 50.8mm，推动滑阀套下行，使测试井段与环空压力平衡，高压膨胀通道与环空连通，泵处于泄压位置；再上提8.9～22.3kN的拉力，把膨胀泵的心轴向上提起，让滑阀套留在下部位置，封隔器胶筒就能收缩解封，上起测试工具。

150．什么是电缆地层测试？

答：电缆地层测试是一种测井作业项目，所录取的资料是储层的纵向压力分布和储层流体样品，其资料解释分析属于压力动态分析。电缆地层测试对于确定储层内流体的分布，判断产层水动力系统的连续性具有独特的作用，所取样品对测井解释有重要的辅助诊断作用。

151．电缆地层测试目的是什么？

答：(1) 取得目的层的地层压力及压力响应剖面；

(2) 取得电缆测试中可疑层或目的层的流体样品；

(3) 通过地层压力响应剖面，结合地层流体样品的分析，判断地层流体类型，确定油、气、水截面，为试油层位的选择及水动力系统的研究提供依据。

152．电缆地层测试特点是什么？

答：(1) 由电缆起下，主要在探井及评价井的裸眼井中进行；

(2) 快速、经济，每测一点，全部作业时间仅需要几个小时，纯测试时间仅几十秒；

(3) 一次下井可进行多点测压并取得两个地层流体样品；

(4) 安全，全部作业在钻井液压井情况下进行，测试全过程无流体到达地面。

153．什么是RFT电缆地层测试器？

答：RFT电缆地层测试器由地面控制和记录系统两部

分组成。具体部件有马笼头、自然伽马、电气短节、机械单元、上下取样筒、接筒、电缆、控制面板、测量面板、电源、记录系统及附属设备。

154．RFT电缆地层测试器的工作原理是什么？

答：（1）定位：仪器下井后，由自然伽马或自然电位校深，使探针对准测试层位；

（2）推靠：启动电动油泵驱动密封器和支撑板伸出，使封隔器近井壁一边，压缩泥饼，形成探针周围与地层的密封隔离，探针则穿过泥饼插入地层；

（3）预测试：在预测室内抽液，引起地层流体流动，然后观察和记录压力降落与恢复过程；

（4）取样：打开取样阀，让地层流体流入取样筒，取样筒充满后关闭取样阀，保存样品；

（5）回缩：取样后，打开平衡阀使液压管线泄压，收拢封隔器和支撑板，为下一个测点准备。

上述测试过程中，通过电缆将地面面板与井下仪器接通，操作地面上的指令按钮，井下仪器即按指令工作，自动地完成一系列动作直至指令停止。

155．地层测试的测试程序是什么？

答：地层测试分为：施工准备、下测试管柱、开关井测试、起测试管柱等几道工序。

156．地层测试的施工准备工作有哪些？

答：（1）测试队根据测试任务要求，做好测试设计，准备好测试所需要的工具、仪表，选择合适的压力计、温度计，并进行室内性能检验，检验合格方能使用。

（2）试油队（钻井队）下测试工具前必须按规定通井，钻井液压井者要循环调配好钻井液，动力设备和井口工具要认真检修，保证测试时性能良好，指重表灵活可靠。

157. 地层测试时如何下测试管柱？

答：（1）装好各种仪表、测试工具，按测试管柱顺序连接下入井内，下钻过程中要轻提慢下，严禁猛刹猛放，防止封隔器中途坐封，确保测试阀始终保持关闭状态。

（2）管柱下入预定的位置后，装好井口控制头和地面管线，加压坐封封隔器。

（3）下测试管柱过程中应取如下资料：

①下井工具、仪器名称、规范、型号、下井深度；

②测试管柱示意图；

③压井液名称、性质；

④加垫液名称、密度、液量、氯离子；

⑤坐封时间、加压情况。

158. 地层测试时如何进行开关井测试？

答：一般采用二次流动和二次关井测压法。

（1）初流动。

封隔器加压坐封经过几分钟延时，打开测试阀，井口可见管柱自由下落25mm左右，说明测试阀打开，测试层的流体经筛管和测试阀流入管柱内。初流动的目的主要是强烈诱喷，解除井底附近水基钻井液浸入液的堵塞，为下步关井测得真实地层压力。初流动时间一般为10～15min，不宜过长。初流动时注意观察环形空间液面是否下降，判断封隔器是否坐好，将显示头放入水中观察有无气泡逸出。

（2）初关井。

上提管柱提过自由点，再下放管柱加压关闭测试阀。注意管柱不能多提，否则会提松封隔器。初关井的目的是测量原始地层压力。关井时间一般1h左右，根据情况可适当延长，尽量求得稳定的地层压力。

（3）二次流动。

除裸眼测试外要求流动时间尽量长一些，一般不少于4h，使油层畅通，为二次关井求准地层参数准备条件。

（4）二次关井。

二次关井的目的是测取压力恢复曲线，条件允许时关井时间可长一些。

（5）三次流动。

由于一些井受水基钻井液污染严重或漏失水基钻井液较多，完井套管测试二次流动往往不能取资料要求，常在二次关井测得压力恢复曲线后，开井第三次流动求取油层产能。对自喷层，按常规试油标准，取得产量和液性资料。对非自喷层，凡具有抽汲可能的，要进行常规抽汲求产，求准油水产量和液性资料。对无工业产能的低产井，根据回收液量和流动曲线来计算产量。

（6）开关井测试应取的资料数据：

①测试日期；

②各次流动起止时间与井口显示及套管液面变化；

③各次关井起止时间；

④地面求产情况（包括时间、方式、油气水产量）。

159. 地层测试完毕如何起测试管柱？

答：测试结束后，解封封隔器，此时取样器装有终流动时刻的地层流体样品。起测试管柱，油管见到液面时，投冲杆打断反循环阀的断销，反循环洗井。洗出的地层液体要经计量装置准确计量，并做到油水分家，然后起出全井管柱。

起完测试管柱，立即将压力卡片和温度计取出鉴定，在压力卡片上注明井号、井段、时间等。如果确认资料合格立即送交解释处理。取样器所取样品，尽快送至化验室化验。

起测试管柱过程应取的资料：

①解封时间；

②油管液面高度及洗井出油量（t）；

③总回收液量、回收油量、回收水量；

④取样器取样时间、深度、油气水量、综合含水。

160. 地层测试完毕要整理哪些资料？

答：井下压力计将压力按时间顺序记录在压力卡片上，读出各阶段的压力数据，便可计算出油层的产量、压力和有关地层参数。

（1）产量计算。

①根据回收液量计算日平均产量：

$$日平均产量\left(m^3\right)=\frac{总回收液量\left(m^3\right)\times1440}{总流动时间\left(min\right)}$$

②根据流动曲线计算不同回压下的瞬时产量：

$$瞬时产量\left(m^3\right)=\frac{p_2-p_1}{压力梯度\left(MPa/100m\right)}\times$$

$$\frac{单位管柱容积\left(m^3/m\right)\times1440}{t_2-t_1\left(min\right)}$$

式中 p_1，p_2——流动时间 t_1、t_2 时对应的回压值。

油水同出的层，可根据管柱内油水界面、洗井出油量及取样器样品的综合含水，求出油产量和水产量。

（2）压力资料的求取。

①地层压力由初关井求出稳定的压力值，初关井未稳定时，可由压力恢复曲线外推求得；

②流动压力取对应产量的压力值；

③根据压力恢复曲线计算地层参数。

（3）地层测试应取成果资料和地层参数：

①整个测试过程压力展开图、跨隔测试验封压力卡片资料；

②坐封时间与初钻井液柱压力、初流动时间与流动压力；

③初关井时间、压力恢复数据、实测稳定最大压力；

④二次流动时间与流动压力；

⑤二次关井时间、压力恢复数据、实测最大压力及外推地层压力；

⑥实测地层最高温度、解封时间与终钻井液柱压力；

⑦用回收液量折算的产油量（t）、产水量及油、水分析，综合含水和高压物性；

⑧用流动曲线折算的产油量、产水量及对应流动压力；

⑨地层流动系数、有效渗透率、表皮系数、污染压降、堵塞比及估算理论产量；

⑩流动效率、井的有效半径、供给半径与边界距离、井筒储集系数、储存比及储集效应结束时间、径向流开始时间。

161. 气井试井与油井试井有什么不同？

答：气井试井与油井试井有所不同。一是因气体密度小、质量均匀，当井中没有游离状液体时，可采用井口测试法代替井下测试，以简化工序和降低成本；二是气柱重量轻，在相同井深与井底压力条件下，气井井口压力比油井井口压力高得多，使井口防喷系统要承受较高的压力，增加了井口密封的难度和施工的难度；三是有些气田含硫化氢、二氧化碳和卤水，这些介质具有强烈的腐蚀性，要求下井仪表、工具、电缆或录井钢丝、井口装置等必须采用专门的抗蚀金属材料和防蚀措施；四是天然气粘度低，无色无味，易于漏失，且又易燃易爆，施工中防火防爆的问题突出。此外硫化氢是剧毒气体，人员的防毒问题也不容忽视。

162. 探井气井试气的目的是什么？

答：探井目的是获得气井的最大允许产量和必要的地层参数，以估计地层的总特征，判断气层有无工业开采价值，同时为气田开发提供重要依据。

163. 探井通过试气可以取得哪些资料？

答：（1）测井口最大关井压力，计算地层静压或直接测得地层静压、温度及井和产层的最大产能；

（2）求出气井的绝对无阻流量，即气层受到回压为大气压时的产量；

（3）求得产气方程式；

（4）取样分析油（从气体中产生的凝析油）、气、水的物理化学性质；

（5）计算出地层渗透率、表皮系数、井筒储存系数、储层性质参数、边界性质和距离等参数，判断气藏储集类型，计算单井控制储量；

（6）根据试井结果确定气井的合理生产制度。

164. 产能试井有哪些类型？

答：产能试井适用于均质气藏和双重孔隙介质气藏，有以下几种类型：

（1）回压试井。

回压试井和油井的稳定试井基本相同，即连续以由小到大、不少于三个不同的工作制度生产，每个工作制度均要求产量稳定、井底流压稳定。记录每个产量及相应的井底稳定流压，并测得气藏静止地层压力，如图 3-2 所示。

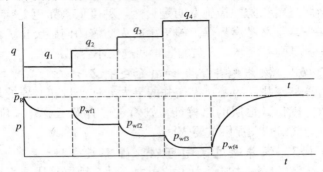

图 3-2　回压试井示意图
p—稳定井底流压；q—稳定产量

（2）等时试井。

一般采取由小到大的产量变化程序，取至少 3～4 个不同的产量生产相同的时间后，均关井一段时间，使压力恢复到（或非常接近）气层静压。最后再以某一定产量生产一段较长的时间，直至井底流压达到稳定，大大缩短了测试时间。等时试井示意图如图 3-3 所示。

（3）改进的等时试井。

在等时试井中，各次生产之间的关井时间要求足够长，使压力恢复到气藏静压，因此各次关井时间一般不相等；改进的等时试井中，各次关井时间相同（与生产时间相等或不等，不要求压力恢复到静压），最后以某一稳定产量生产较长时间，直至井底流压达到稳定。改进的等时试井示意图如

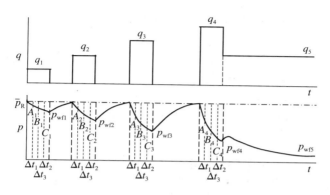

图 3-3　等时试井示意图

图 3-4 所示。

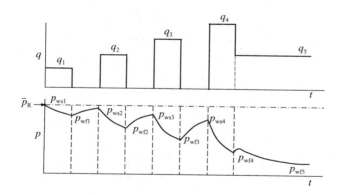

图 3-4　改进的等时试井示意图

（4）一点法试井。

一点法试井只要求测取一个稳定产量 q 和在该产量生产时的稳定井底流压 p_{wf}，以及当时的气层静压 p_R。

165．不稳定试井有哪些类型？

答：（1）单相气体等流量试井。

设气藏压力为 p_R（在第一口探井初始测试情形下为原始压力 p_i），从 0 时刻起气井开井，以恒定产量 q_g 生产，在生产了 t_p 时间后关井。开井开始连续地测量井底流动压力（即压降试井），或自关井开始连续测量井底关井压力（即压力恢复试井），如图 3-5 所示。

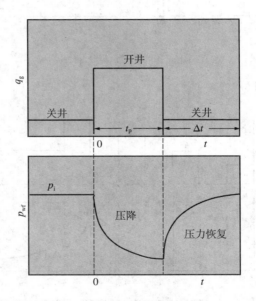

图 3-5　等流量测试示意图

①压降试井：

最适宜于新井、关井足够长，气藏压力完全均一、不能关井测恢复压力的气井。

②压力恢复试井：

分析与油井相比，引进了拟压力替换压力，得到与液体流动方程类似的气体流动方程，试井解释与油井有所不同。

（2）多变流量试井。

若压降测试中产量变化较大，则采用多流量试井解释方法，如图3-6所示。

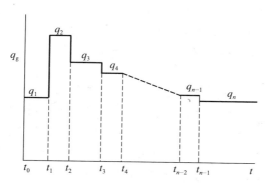

图3-6 多（变）流量测试示意图

166．气井井温测试的目的是什么？

答：气井升温测试主要是地层温度及井筒温度的测试。井温资料主要用于计算井底压力，它对井底压力计算值的影响较大，不准确的井温资料会导致试井解释结果的失误。

气井在静止状态下，井温随井深而增加，井内气体温度和地层温度趋于平衡。沿井深每100m增加的温度称为地温梯度，地温梯度因地区位置、地层结构及产出流体状况不同而不同。

气井从开井状态进入关井状态或从关井状态进入开井状态，井筒内的温度要重新分配达到新的平衡，若要了解这个过程中的温度变化以便求得每一点的压力，需进行过程中的温度测试，这种测试称动井温测试。例如，关井压力试井和开井压力降落试井中，就需进行这样的测试。

167．气井试井有哪些工序？

答：气井试井的工艺过程分以下工序：测试前的准备（通井、洗井、压井、射孔、诱喷、放喷）和测试。

与试油相比，由于气井压力相对较高，所以试井时多了压井工序，放喷和测试与常规试油有所不同。

168．气井试井仪表有哪些？

答：(1) 压力测试仪表。

气井压力测试仪表分为井口压力测试仪表和井下压力测试仪表两类。在纯气井条件下，气井井口压力可以直接反映井底压力，并可利用理论公式精确计算出井底压力的数值。采用的仪表有 PANEX 1100A、SPIDR、EPG-350 等电子式井口压力计。气井井下压力测试仪表和油井井下压力测试仪表基本相同。

(2) 流量测试仪表。

气体流量测试仪表根据测试原理不同，有压差式、容积式、速度式、声波式等。气井试井采用生产中使用的差压式孔板流量计进行天然气的流量计量，在完井测试或试气中多采用临界速度流量计或垫圈式流量计。

169．气井试井的设备、工具有哪些？

答：(1) 试井车。

试井车基本与油井试井相同。低压试井车带有回声仪、动力仪等低压试井仪器，用于测量井的液面或检查抽油机的工作状态。气井可利用这种车辆测量气井井口压力，此时车上装有井口测压仪表。

（2）井口防喷装置。

井口防喷装置包括防喷管和闸板防喷器两部分，是采气井口的外延部分，在试井作业中承受气井井口压力，且是井口操作人员岗位所在，应当作为压力容器对待，必须按照压力容器的有关规定进行设计和管理。

井口防喷装置与油井的基本相同，不同的是由于气井中天然气含硫，故有抗硫防喷器用于含硫气井。常用的抗硫防喷器是 GSG-350 型钢丝试井井口装置。它的主体由 35CrMo 材料制造，管体由 SM-90S 油管或 35CrMo 厚壁管制成，耐硫化氢腐蚀，工作压力 35MPa，上部有卡瓦式防落装置，本体组装式，每段长度约 1m，可根据下井仪器组装长度决定防喷管的安装高度，带有脚踏板供操作者进行防喷盒作业。电缆防喷器也分普通和抗硫两种。

（3）试井电缆。

试井所用电缆主要是进口 5.6mm 单芯双层铝装电缆，线芯由多股铜丝绞合而成，外部包聚合物绝缘层和外套层以防水、防腐蚀。外套层以外依次是内铠装层和外铠装层，内外铠装层一为左旋绞合，一为右旋绞合。铠装层的作用是保护线芯、承受载荷，并作为接地回路。

普通电缆多采用高强度镀锌钢丝作铠装层，但耐腐蚀性能较差，适合一般不含硫的纯气井、产水气井。含硫气井腐蚀性较强，铠装层一般用抗蚀合金制造。

（4）录井钢丝。

录井钢丝的主要功能是悬挂仪器，分为普通录井钢丝和抗蚀录井钢丝两种。

①普通录井钢丝由优质碳素钢冷拔制成。

②抗蚀录井钢丝：

当气井中含有硫化氢、二氧化碳、氯化物时，在一定温度和压力下形成严重的腐蚀环境，不宜使用普通的碳钢录井钢丝，特别是当气井中含硫化氢时，极易发生应力腐蚀，使普通录井钢丝在入井后短期内即可因腐蚀而脆断。

（5）仪表标定装置。

仪表标定装置主要指压力、温度、流量三类计量仪表。为了保证测量精度，这些仪表在使用前都应进行认真的室内检查和标定，其精度级别、检验周期及检验方法都必须符合国家和各级地方政府技术监督部门关于量质传递的有关规定。

170．试气井流程安装要注意什么问题？

答：（1）分离器距井口 30m 以外，测气口距分离器不小于 20m，放空火炬管距分离器和距井口不少于 50m，火距管高 3m 以上；

（2）立式分离器打水泥基础或装在钢质底座上，安装要垂直，倾斜度不得大于 1‰，并加绷绳固定；卧式分离器摆放水平，水平度误差不得大于 1‰；

（3）流程管线一律采用高压钢管连接，并用地锚固定，地锚间距不大于 10m；

（4）测气管线至井口流程（包括分离器）用气试压 5MPa，10min 不刺不漏为合格。

171．气井试井工艺有哪几步？

答：气井试井流程：安装→通井→洗井→压井→射孔→诱喷→放喷→测试。

172．气井试井前放喷的方法是什么？

答：放喷是否彻底对于气井试气是十分重要的环节。气井经诱喷自喷后，为解除地层堵塞，排净井筒积液，必须连续放喷，使聚集在井内的脏物和压井液完全排尽。在地层不出砂的条件下，应将井口压力尽量降低，建立较大压差。为更有效地排除井底周围的积液，可关井几小时后再放喷，反复几次，直至喷净为止。

（1）放喷一般采取从油管放喷的方式，用针形阀控制，针形阀开度以带出积液为准，同时套压不能低于套管被挤毁时的最低允许压力，防止套管被挤坏。

（2）残液是否喷净的判断方法：

①根据喷出物颜色和响声：

纯气井呈淡蓝色，气流速度均匀，有尖锐的哨声；

天然气中有凝析油（或原油）时，火焰呈红色并有黑烟；

天然气中有地层水时，带有"吐吐"声，火焰呈黄色；

天然气中有地面水时，可听到不大的"勃勃"声，火焰呈红色。

为了判别天然气中所含水分是地层水还是地面水时，可在放喷中取 3～5 个样。如果是地面水，还要继续放喷，直到喷完为止。

②根据放喷后关井油套压的差别进行判断：

关井后油套压始终平衡，说明井下无积液；否则证明井内还有积液。

若套压高于油压，则油管中液柱高于套管；否则套管中液柱高于油管。

若开始油套压有差别，关井后逐步趋于平衡，说明井内有积液，不过油套管液是平衡的。

173．气井试井前放喷施工注意事项有哪些？

答：（1）尽量采用过油管射孔，若采用压井射孔，压井液必须达到设计要求，且必须充分循环达到进出口一致；

（2）射孔前做好防喷准备，井口装好防喷器，地面连接好带高压控制阀门的油管和悬挂器；

（3）采用压井射孔井筒随时要灌满钻井液注意观察井口有无外溢，发现有井喷显示，立即起出炮身，关好防喷器；

（4）压井射孔后必须采用两次替喷法，不得在装好井口之前一次将压井液替出；

（5）抽汲诱喷一定要逐步加深，缓慢诱喷，并认真观察喷势，一有井喷显示，立即起出抽子，抢装好井口；

（6）一般不采用气举诱喷，以免突然井喷或引起爆炸，或破坏地层结构引起坍塌；

（7）放喷管线均必须用地锚固定，且不得安装弯头或将管线拐成死角；放喷时不得用井口阀门作控制阀门使用，必须装油嘴或针形阀控制，以免出砂刺坏阀门；

（8）气井井口应采用双翼双阀门采气树；

（9）放喷管线不少于3条，两个生产闸阀各接1条，套管闸阀接1条；放喷管线宜平直，力求减少弯头，同时要特别注意放喷管线必须牢固固定，防止气流反冲力造成破坏；

（10）由于现场焊接引起施工部位钢材局部硬化，含硫气井的地面装置或管线焊接不允许在施工现场进行；

（11）放空的含硫天然气应进行灼烧；

（12）试井前应检查气井的地面流程是否符合试井设计的需要，这种检查应包括井口装置、分离器、流量计、保温装置以及流程上的管线、阀门、安全防火装置等。

174. 气井试井如何进行测试？

答：经放喷后，通过试气产气量及其中含凝析油量的大小，可判断井是纯气体还是凝析气井。

（1）测产量。

求得最大关井压力后，在地面装好测量管线。将仪器校正好，根据放喷量的大小和最大关井压力的高低，选择适合本井情况的油嘴或孔板，以便测量气井的稳定产量和流动压力（工作压力）。油嘴或孔板一般要选择 4 ~ 5 个，直径的大小间隔为 0.5 ~ 1mm。测量次序由小到大，一直到不致引起套管和水泥环损坏的工作压力为止，然后再由大到小，反复测量两遍。

测产量时，稳定是一个关键问题，一般在 24h 内产量误差最大不超过 5% 可认为稳定。为了使测出的稳定产量更为可靠，规定各点的稳定时间至少为 4h，一般为 12h 或 24h。

在测得一点的稳定产量后，更换成另一个油嘴或孔板，这时还要检查油嘴或孔板的完整性，检查直径大小有无变化，是否被刺坏，否则会直接影响测量的精确性。

（2）测压力。

放喷干净后立即关井求原始地层压力。

①记录压力用"先密后疏"法。初关井时，时间间隔应短些，关井一段时间后，时间间隔要长些，可根据压力升高速度来确定取压时间间隔。一般初关井每隔 5 ~ 10s 记录一次压力。

②压力稳定标准。井口压力 24h 波动值小于 0.5% ~ 1% 为合格。压力稳定后，用活塞压力计测井口压力，用井下压力计实测气层中部压力。

③关井求静止压力。当关井井口压力稳定后，可直接下压力计至最大深度实测地层静止压力。如井底有积液，应将压力计下至液面以下，测准压力梯度。如井底无积液，可直接用井口最大关井压力计算气层压力。气井关井压力恢复一

般较快，渗透性好的几小时内就稳定了。若气井放喷合格，关井至第二天就可测压。

④测流动压力。测量时将工作压力控制在最大关井压力的 75% ~ 95%。气层为疏松的砂层时，工作压力不应小于 85%，以免气层产生坍塌。

若从套管产气，则记录油管压力；若从油管产气，则记录套管压力。每隔 10min、20min 或 30min 测量一次。与求井口最大关井压力一样，也可绘出工作压力与时间的关系曲线，当曲线趋于水平时，说明压力已达稳定，此时的压力叫作稳定工作压力。注意在记录压力的同时记下气体的产量，以便确定压力与产量的对应关系。各点的油、水应严格计量，并测出大气温度和气流的温度。

（3）测试。

探井一般测 1 ~ 3 个工作制度，可根据产量稳定程度而定。高压低产井很难测得稳定产量，一般测 1 个工作制度。稳产气井测 3 个工作制度，并整理生产方程式和计算地层参数。

经过测试，可判断气井的产量和有无工业开采价值。取气样分析天然气的相对密度、临界温度、临界压力、气体组成成分。

175. 气井试井测试要注意的问题有哪些？

答：对于每种测试方法不同，要注意的问题不同。

（1）回压法试井（包括等时试井和改进等时试井）。

①开井前用 0.2 级以上的井下压力计实测气井井下压力，根据实测结果判断井下是否有积液，若压力计下入深度距气层中部深度较远，应考虑用放喷的方法排除井下积液。

②气水同产井进行回压法试井难以求得试井方程式，但

可了解产水量与产气量之间的关系，以便确定这类井的工作制度。

（2）开井压力降落测试。

测试操作员与试井解释员相互配合，根据实时记录的曲线分析来确定测试时间长度。

（3）关井压力恢复测试。

①主要录取气井关井压力变化曲线，采用井口连续自动记录的电子压力计，井下存在游离液体时，必须采用井下压力计。

②仪器应在关井前夕就位并开始工作，以便录取到关井前的井底压力。

③当开井状态下入压力计时，必须仔细设计下入仪器的配重，防止在下入过程中仪器震动过大或卡住仪器。

（4）流量测量。

①由于井场分离装置很难达到理想的分离效果，长时间使用的井场计量装置往往不清洁，尤其是孔板表面粘附污物会影响计量准确度，故在测试中要保持其清洁。

②进行系统试井时，应根据气量变化范围和流量计的量程事先确定和准备好所需的孔径。不同的一组孔板，做好切换孔板的准备工作。

③采用旁通切换流程的，应事先检查旁通闸阀是否存在泄漏。旁通内漏也是影响计量精度的常见原因。

（5）温度的标定和测量。

①试井中所使用的井下最高温度计、自动记录式温度计、普通温度计都应事先进行标定。

②测量气流温度的温度计，必须插入输气管线、分离器或井口装置的专用温度计套内。

176．气井试井天然气计量的质量要求有哪些？

答：一般在井筒积液喷净后，采用临界速度流量计或垫圈流量计进行。

（1）当上游压力与大气压力之比大于 0.55 时，采用临界速度流量计；当上游压力不能满足这个要求（低压、小产量气井）时，只能采用垫圈流量计。

（2）为了节约天然气，压力和产量的稳定时间按产量大小规定：

日产量在 $30 \times 10^4 m^3$ 以上的气井，稳定时间规定为 2h；

日产量在 $(10 \sim 30) \times 10^4 m^3$ 的气井，稳定时间规定为 4h；

日产量在 $(5 \sim 10) \times 10^4 m^3$ 的气井，稳定时间规定为 6h；

日产量在 $5 \times 10^4 m^3$ 以内的气井，稳定时间规定为 6 ~ 8h；

并规定压力波动范围为 ±0.1MPa、产量波动范围在 ±10% 以内为稳定。

177．气井回压法试井（包括等时试井和改进等时试井）的质量要求有哪些？

答：（1）天然气的计量一般采用井场计量装置，为减少更换孔板占用的时间，可以采用孔板阀；

（2）井口压力计量应采用自动记录的井口电子压力计，以便准确了解压力变化情况；

（3）每个测点都应准确记录井口流动温度，为此应检查温度计插孔是否符合标准，插孔内是否按规定盛油。

178．气井开井压力降落测试的质量要求有哪些？

答：（1）气井最好采用井口电子压力计记录井口压力的

变化，产气量采用井场生产流量计，但须在测试前对计量装置和Cw-430差压式流量计进行认真检查和校准；

（2）在井下可能有游离态液体存在时，必须采用井下压力计连续记录井下压力，且压力计必须在开井前夕下入，并应根据井口压力和产量及产出物的状况仔细设计下井仪器的下入位置和配重，防止仪器在开井状态下随气流上下冲动，卡住仪器和影响测试结果。

179. 气井关井压力恢复测试的质量要求有哪些？

答：（1）设计下入仪器的配重考虑条件是井口压力对钢丝或电缆形成的阻力、钢丝或电缆与防喷盒之间的摩擦阻力；

（2）测试时间长度由试井解释人员根据现场情况确定。

180. 气井试井流量测量的质量要求有哪些？

答：（1）计量装置包括流量计、计量管段，孔板的设计、制造和安装必须符合《用标准孔板流量计测量天然气流量》（GB/T 21446—2008）的规定；

（2）计量装置的安装要求规范，计量管段和孔板要清洁，节流装置在安装时密封垫的厚度、径向尺寸和对中度都要按规范严格控制；

（3）孔板孔径的选择，应力求使孔径与计量管段内径之比在0.5左右，以尽量减少由于计量管段内壁粗糙度超标、孔板表面弯曲、气流中含水等非标准因素对测量的影响。

181. 气井试井温度的标定和测量的质量要求有哪些？

答：普通温度计和井下最高温度计以水银作为感温介质，测温范围一般在 $-38 \sim 365 \, ^\circ\mathrm{C}$。在 $200 \, ^\circ\mathrm{C}$ 以下，水银的膨胀系数与温度呈线性关系，刻度均匀。主要误差来源有：零位不准、温度计液柱断裂、分度不准、外标尺式温度计的标尺移动等因素。校正温度计一般使用精密恒温油浴。

（1）最高温度计的结构和体温计相似，易于发生液柱断裂，在每次使用前，应将液柱甩回零位令液柱重聚。若此时液柱仍不能重聚，可采用加热或冷却的方法令其重聚。

（2）温度计套安装不正确，温度计使用中由于插孔内有污物、没有按规定盛油使温度传导受阻等，会引起测量误差，使用时必须注意。

（3）在井温测量中，温度计停点时间不够影响测量准确性，为了取得准确的温度数据，应当对每只压力表式温度计进行感温时间的室内标定，根据标定结果确定停点时间长度。

182. 气井试井井口作业时有哪些安全技术要求？

答：气井试井井口作业时的安全技术要求主要内容是安装和拆卸井口防喷装置及在试井作业过程中维持正常工作。

（1）气井钢丝试井作业使用的井口防喷管，通常采用采气树的闸阀控制井口，因此不需要另外安装闸板防喷器，直接将防喷管安装在井口装置的清蜡阀门上方的螺纹法兰上即可。抗硫井口防喷管在使用管钳操作时，可能在防喷管本体上造成局部咬伤和硬化，特别是管体的局部硬化，导致防喷管的硫化氢应力腐蚀破坏。为防止这种意外事故的发生，除操作上特别注意外，应当对防喷管进行定期的金相监测。

（2）防喷管与井口法兰螺纹的连接部位，连接螺纹型应当符合，平式油管螺纹适用于井口压力在 35MPa 以内的情况，35MPa 以上必须采用外加厚油管螺纹或梯形螺纹。在操作上，要特别注意油管螺纹是否完全咬合，防止由于连接不牢而发生防喷管爆飞的事故。

（3）气井电缆试井作业必须在井口安装闸板式防喷器，施工中要有严密的组织和分工。

（4）地面直读式测试中有专人负责现场用电，选用绝缘性好的电线，线路走向正确，开关符合要求。

（5）测天然气流量时，应站在上风位置，如用不防爆的手电照明时，不应在油气扩散区开、关。

183．气井试井如何防止仪器落井？

答：钢丝和电缆突然断裂引起仪器落井所占比例最大。正确判断钢丝和电缆的使用寿命和掌握正确的使用方法，是防止这类事故的有效措施。

（1）聚丙烯电缆长时间使用的极限温度是120℃，TeflOn电缆可以达到200℃，其本身可以抵抗油气井的腐蚀。但TeflOn的外包层易产生软化和膨胀，聚丙烯一般不受油气井的腐蚀，但在一定条件下也可引起软化。

（2）天然气中的硫化氢和二氧化碳以及氯离子对电缆的腐蚀性较为强烈，特别是硫化氢的腐蚀比较特殊，高浓度的硫化氢可引起电缆的突然断裂。当硫化氢含量较低时，在普通电缆的铠装钢丝上由于化学变化引起氢原子向钢材的渗透而在钢丝表面产生微裂纹，这种微裂纹在拉应力及腐蚀环境作用下会继续加剧，最终导致电缆的破坏。在两次作业中，延长电缆使用间隔时间，可延长其使用寿命。

（3）硫化氢含量较高的气井，由于电缆芯抗硫性能较差，硫化氢气体沿绳帽电缆头渗入镀镍铜芯，使电缆铜芯遭到腐蚀，一般每次作业完更换绳帽时，都需截去一定长度的电缆。电缆抗硫等级是根据铠装层的材质来划分的。

（4）电缆在绞车滚筒上安装时，应当严防挤压和重叠，在缠绕中应力求保持电缆有一定的张力，这个张力的大小越接近预计值越好。起下作业中应避免因滑轮不对中、摇摆及车辆不对中而造成电缆不应有的磨损。起下过程中，由于电缆内外两个铠装层扭力方向相反，操作不当易于扭结。一般新电缆初期使用时，下放速度不宜超过3000m/h，每下入200m左右宜停留一次，并上提15min左右。在任何情况下，下放速度都不宜过快，以保持电缆有1/3的张力为宜。

（5）录井钢丝在使用之前，应严格检查，不允许有肉眼看得出的缺陷。

（6）一般在防喷管中安装仪器防落装置，以防止由于操作不当发生顶钻事故时能抓住仪器。每次作业前，应当检查防落装置是否灵敏有效。采用机械传动的试井车，动力不便控制，在发生顶钻事故时，钢丝或电缆上的张力很大，瞬间即可拉断。采用液压试井车，操作人员可以比较方便地控制钢丝或电缆上的张力，有助于减少仪器落井事故。

（7）对于需下出油管的测试作业（如在进行生产测井或油管鞋距井底距离太大时），油管鞋必须设有按规定制作的喇叭口。为此，在下入仪器之前，应先下入探杆进行探测，不应盲目下入仪器。

184. 高凝油常规自喷井测试有什么特点？

答：对于高凝固点油的生产井，它的测试与正常井不同之处在于：

（1）要求防喷管带保温套，能进行热水循环，保持原油温度，以保证仪器在井口正常起下；

（2）关井测压力恢复曲线前一周左右，应向油套管环形空间注入一定量的柴油或稀油，其注入量应根据油套管环形空间的容积或挤入深度而定；还应保证注入的柴油或稀油的温度高于原油凝固点的温度，一旦出现关井时间过长、油管上部被高凝油堵死使测试仪器无法起到井口时，可开井生产，利用油流温度解堵；

（3）若测静压点时，在关井前，向油管内灌注柴油或稀油，待井口压力平衡后，再进行测试。

185．稠油蒸汽吞吐井测试井与正常井测试井有什么不同？

答：稠油注蒸汽吞吐采油井注的高温蒸汽，在注汽过程中，需要取得井下蒸汽温度、压力和干度等参数，以便对注汽效果进行分析，为不断改进、提高热采工艺水平提供依据。它与正常井测试不同的地方是：

（1）因为注汽温度都在300℃上，所以录井钢丝、压力计和钟机都必须耐高温；

（2）在压力计外壳螺纹处要涂耐高温的密封脂或缠上聚四氟乙烯胶带，在端面加一厚为0.1mm的铜垫增加密封；

（3）由于温度很高，人体不能直接接触防喷管，必须安装操作平台，并使用特制的隔热手套；

（4）防喷堵头用氟塑料作密封填料；

（5）注汽正常2～3天后进行测试井底压力，关井2～3天后测试焖井压力；

（6）测试操作与全井测压步骤相同。

186．气举井试井的目的何在？有哪些类型？

答：气举井测压为正确分析气举井生产提供重要资料，测流压可确定注气点位置，油管漏失、阀的故障等。

（1）连续气举井。

①在连续气举井上测流压时，油井流动状态必须稳定；

②当产量很高、气液比很大时，下仪器过程应关生产阀门，防止顶钻发生，仪器下到预定位置后，开井生产并等井口压力基本稳定后才开始测量；

③在气举阀下每隔 100 ~ 300m 处测一个点，以便确定油井在举升期的流压梯度和阀漏失处；

④为了核实注汽点，可在每个阀下面 3 ~ 5m 处测一个点；

⑤上提仪器接近井口时，由于流体流速增高，为安全起见，可关闭油井。

（2）间歇气举井。

在间歇气举井中进行流压测量，由于不知哪个气举阀在工作，液段和它后面的气体有可能把压力计往上顶，使钢丝打扭而造成压力计落井。在间歇气举井中测试时，应采取以下步骤：

①关闭注汽管线上的周期—时间间歇控制器；

②不论产量多大，均先把压力计下到最下一级气举阀以下开始测量；

③打开周期—时间间歇控制器，让上部聚集的液体产出；

④再关闭间歇控制器，将间歇调节器调到其标准生产周期上；

⑤让压力计记录压力波动数据；

⑥起出压力计并检查卡片，确定工作阀，如果最下一级阀不是工作阀时，换上新卡片，再将压力计下到已知工作阀下面进行测量；

⑦将压力计较长时间停放于井下，以便记录下聚集正常液段以后的油井压力。

187. 有杆泵抽油井稳定排液法系统试井的机理是什么？

答：用稳定排液法进行流动试井（即稳定试井），通过改变抽油机的冲程或冲次来变换井底压力，有时用变化抽油泵直径或泵挂深度法来改变压力。压力稳定后，系统地测取示功图、动液面（流动压力）、产液量、产油量、含水、含砂、产气量等有关数据，绘出试井曲线，进行综合分析，确定抽油井的最佳工作制度。

对油层供液能力强、能连续生产的抽油井，主要是确定合理的抽汲参数（即泵径、泵深、冲程、冲数的配合），以便在合理压差的前提下，取得最大的开采效率；而对于间歇生产的抽油井，油层供液能力低于泵的排液能力时，为了不降低产量，节约能耗，提高泵效，有必要在进行流动试井时确定一个合理的开抽、停抽时间。

188. 有杆泵抽油井稳定排液法系统试井的测试方法有哪些？

答：在有杆泵抽油井的机、杆、泵系统工作正常时，井口及计量流程密闭不漏的情况下测取井口流量和井底压力资料，常用方法有：

（1）用偏心井口装置直接测试。

当抽油井以最小冲程开始稳定生产时，将小直径压力计（或电子压力计）通过油套环形空间下到油层附近测取井底压力值。油井稳定工作 24h 后，用精度较高的流量计计量油、气、水的日产量以及计量携带出的砂量，同时用电子示功仪（计算机诊断技术）测光杆示功图和泵口示功图等，测量工作应连续进行 4h。然后增加抽油机的冲程，使油井在新的工作制度下稳定生产 24h，重新测量油井生产数据并进行记录。

（2）用井下液面推算井底压力。

当抽油井不能直接测出井底压力值时，可用自动液面记录仪测量环空液面，然后再推算出井底压力，并录取相应油井地面有关资料。

第四部分 自喷井和特殊井 试油工艺

189．什么是自喷井试油工艺？它有哪些类型？

答：靠油井本身能量测试流体性质，获取油、气、水样的工艺称自喷井试油工艺。它具有工艺简便、资料准确、试油时间短等优点。自喷井试油无须进行诱流，试油的基本工作就是分隔油层、索取资料。自喷井试油主要有水泥塞试油、封隔器试油、压裂、酸化试油等。

190．什么是水泥塞试油？

答：每射开一个油层，就对该层进行试油求取资料。试完之后打水泥塞将该层封死，然后射开第二个油层进行试油。这样逐层上返，一层一层地单独进行试油，故又叫水泥塞单层试油。

进行水泥塞试油时，除试第一层不用打水泥塞外，每上返试一层要打一个水泥塞，试完后再钻水泥塞。整个试油工艺过程包括压井、打水泥塞、射孔替喷（或诱喷）和录取资料等。

191．什么是封隔器试油？它有哪些类型？

答：在试油井中一次同时射开几个油层，然后下封隔器，按照试油目的和要求取得各项试油资料的方法，叫封隔器试油。它分为封隔器多层试油、封隔器单层试油和可钻桥塞试油。

192．什么是封隔器多层试油？

答：封隔器多层试油是一次射开几个油层，然后下入由一组封隔器组成的试油管柱，一次作业取得各试油层资料的方法。它具有工艺简单、节省时间、降低消耗，避免油层污染等优点，一般用在自喷油层中。射孔诱喷后油井能自喷生产，便可用封隔器多层试油管柱下入仪器，求得各项试油资料；若在已开发井上试油（或为某种目的取资料），可采取不压井装置下入封隔器多层试油管柱。通过封隔器密封性试验，证实各层封隔器密封良好，取得的分层试油资料才可靠。

193．什么是封隔器单层试油？

答：封隔器单层试油实质是用封隔器代替水泥塞进行试油。其工艺与录取资料方法与水泥塞试油基本相同，不同之处是一次只能试一层，使用上有局限性，它具有方法简单、使用方便、节省消耗等优点，常用于油田开发检查井中。

194．什么是可钻桥塞试油？

答：用"可钻桥塞"来代替水泥塞，施工工艺简单，不需打水泥塞与钻水泥塞，不需耗费大量水泥，避免了打（钻）水泥塞时对油层（已射开）的污染及所造成的井下事故。

在油管以下接安全接头、水力锚、伸缩加力器及丢手接头，将可钻桥塞下入井内预定位置后进行坐封，使可钻桥塞的胶筒密封油管和套管环形空间。上、下卡瓦起固定可钻桥塞的作用。丢手接头的作用是将可钻桥塞放在井内。安全接头的作用是防止管柱卡在井内，一旦卡钻，可以先将上部管柱取出，以待下步处理。

可钻桥塞试油结束后，如井底口袋深不影响以后施工及油井生产，最下一级桥塞不必钻磨掉（其他层的均要磨掉）。应用可钻桥塞时，要保证水力锚和安全接头性能良好，上、下卡瓦及胶筒密封可靠，同时要注意钻磨时的安全，严防井下事故的发生。

195. 什么是压裂、酸化试油？

答：压裂、酸化试油是在试油之前进行压裂或酸化处理，以达到提高效果的一种综合性试油方法。酸化的目的是处理钻井（或修井）中水基钻井液对油层的污染，使酸液与油层或井壁上的水基钻井液反应，破坏水基钻井液的胶体结构，疏通油层孔隙或裂缝，用以恢复油层原来的孔道和渗透性。对污染严重的油层，酸化后再试油能了解油层的真实情况。

对油层结构致密的油层，一般可先压裂提高油层的渗透率，然后再进行试油。

196. 如何进行水泥固井完井的水平井的试油？

答：（1）通井。

同一般井一样，需要通井至设计深度，但通径需用橄榄形通径规。橄榄形通径规上下两端台肩均为半球面。通径规外径比被通套管最小内径小 6 ~ 8mm，通径规长 1.2m。

（2）射孔。

在井斜角大于 55°的井内应用电缆传输技术依靠重力带动射孔枪到油层深度射孔较困难，而是用油管传输射孔和挠性管传输射孔，但为了起下油管安全，不挂套管接箍，下入水平井段的油管其接箍均打倒角 3×45°；对于中小曲率半径的水平井最好采用挠性管传输射孔。挠性管盘在滚筒上，电缆预先装入挠性管中，枪身装在挠性管底部一同下入井中，一次完成定位、点火、射孔。

（3）测试。

若对水平井段总体测试，井下测试工具在水平井的垂直段，或井斜小于 45°的深度范围内测试，其测试方法与普通井相同；对水平井段分段测试，则用挠性管带入封隔器进行分段测试。

197．割缝尾管与封隔器完井的水平井的试油工序是什么？

答：割缝尾管与封隔器完井的水平井的试油工序是：洗井，替钻井液，并将筛管顶部的球冲顿至水平井段末端，然后下管测试。

198．稠油井试油工艺有哪些？

答：（1）对 I 类稠油井试油。

①热洗抽汲法。

稠油井射孔后，对于黏度小并有一定供液能力的普通稠油，采用高温热水大排量热洗，提高井筒温度，迅速用抽汲法取得地层资料。

②地层测试。

对原油粘度小、供液能力不高、但能流入井筒的油井，用地层测试器进行测试可以取得地质资料。

③自喷测试。

对于能自溢的稠油井，一般采用套管求产，用油管打轻柴油的方法测压，但求产时地面管线需要保温。

④热电缆试油。

在地层环境下，具有较好的流动能力且地层压力高于静水柱压力而不能将原油举升到地面的油井，采用热电缆试油可以使油井自喷测试。热电缆试油工艺为：

掏空降低井筒液面→油管输送射孔→下热电缆至设计深度→通电加温井筒内原油→开油管自喷求产。

⑤下热电杆抽油工艺。

稠油地层条件下可以流动、地层压力低于静水柱压力的稠油井，在地面条件允许的情况下，可以下深井泵加电热杆抽油工艺，抽油取得地层资料。

（2）对Ⅱ类以上特稠油井试油。

稠油根本不能从地层中流入井底，或虽能流入井底但无法举升时，上述试油工艺无法求取地质资料，若要搞清油的产能、液性资料，可对地层加热，采用蒸汽吞吐试油。

蒸汽吞吐试油工艺要点是：

①油井油层套管必须是预应力固井，且固井水泥为专用的热井水泥；

②油层厚度大于10m；

③注蒸汽要使用专用高压大排量蒸汽锅炉，井下管柱常用的是隔热管；

④根据地下油层情况注汽，焖井后自喷求产或泵抽求产。

199．如何进行高含硫油气井试油？

答：（1）选择试油设备及工具。

选择防硫试气井口、地面设备、仪表和试油管柱。鉴于硫化氢气体的毒性能导致严重的中毒事故，甚至造成人身伤亡，因此对含硫化氢气的油气井作业时，应特别注意防护措施。

（2）射孔方式的选择。

选择油管输送负压射孔是该类井的最佳选择。

（3）完井管柱的选择。

要确保套管不被硫化氢腐蚀，采用封隔器与射孔枪组合管柱，其管柱中油管及其井下工具的连接必须密封可靠。普通的 API 油管在高气压差下很难密封，常采用防硫的 3SB 扣 AC−90 油管能起到很好的密封作用。

（4）高含硫油气井完井管柱。

下入封隔器保护套管，射孔后由于井筒内的高压油气，封隔器将承受很大的上顶力。在上顶力的作用下，封隔器上移压缩管柱，易使管柱严重弯曲变形，因此射孔前必须在环空中注入一定密度的压井液以部分地平衡封隔器的上顶力。同时，充满环形空间的压井液，能有效防止井筒内气体窜入环空，防止套管腐蚀。

200．如何进行出砂井的试油作业？

答：油井出砂使地层砂随流体一起流入井筒，或沉于井筒某一部位，或被带出地面。出砂较轻时，地层砂沉入井底填埋"口袋"，一次不能完成整个试油工序；出砂较重时，油井无法正常测试。

油井出砂的根本原因是地层砂胶结疏松，地层砂易于剥落；外部原因是操作不当，生产压差过大或建立生产压差过快等。试油时应采取的工艺是：

（1）生产压差不宜过大。

不采用汽化水、地层测试大负压值等强烈的诱喷测试手段，一般情况下抽汲应定时、定深，沉没度 100～150m，气举排液求产，缓慢控制放气速度，放压油嘴小于 2mm。

（2）先防砂后试油。

对出砂严重的油井，由于出砂而无法正常试油时，可进行先期防砂再试油的工艺。

201．如何进行斜井、丛式井试油作业？

答：斜井、丛式井的试油工艺与常规不同之处，主要在于管柱结构射孔工艺与诱喷求产工艺。

（1）管柱结构。

Y211-114 和 Y111 型封隔器组成分采管柱井的斜度在 35°以上，管柱上加油管扶正器和可弯接头以满足弯曲要求。斜度在 35°以上的井不能用常规井通径规检查套管通径，只能用油管接箍象征性地通井。试探人工井底时，循环处理钻井液或用清水替出井内钻井液以达到安全顺利地通过试油用管柱，同时采用无电缆射孔。

（2）诱喷求产工艺。

气举法：气举法在常规试油中大量使用，但不安全，易发生爆炸。

混气水排液法：只能排液，无法求产计量。

液氮气举法：利用液氮对油气进行定时定深定压求产。因氮气是一种无色、无臭、无味的气体，在大气中占有五分之四的体积，微溶于水，体积膨胀系数（1:696）大，常温下很稳定，不易跟其他元素化合，本身不能燃烧，也不能助燃，与天然气任意混合不会发生爆炸。所以液氮气举法是油气井排液求产最佳工艺方法，对任意斜度井都适用，在斜井、丛式井施工中，显示出排液快、用量少、安全方便经济、计量准确等优点，获得越来越广泛的应用。

第五部分　封 堵 技 术

202．注水泥塞施工要做哪些准备工作？

答：（1）准备注水泥塞施工所需的工具、用具。

（2）准备施工用液，包括：

①备足符合要求的压井液和清水；

②备足符合要求的配水泥浆的淡水。

（3）油井水泥的准备：

①对油井水泥及添加剂的各种性能进行抽样化验；

②将油井水泥和添加剂按设计要求用量备足送到井场，检查水泥质量，标准是牌号正确、水泥不潮不结块；

③将水泥摆设在配水泥浆的操作台上。

（4）井况准备：

①接反循环压井管线，用合格的压井液反循环压井，起出井内原管柱，下入注水泥塞管柱，完成深度设计要求（一般在预封油层底部以下 10～20m）；

②接好正洗井管线；

③下管柱预处理：

对漏失层应垫稠修井泥浆或填砂等；

大排量洗井降温或大排量洗井脱气；

水泥塞面盖过被封层小于 10m 的井段对管柱磁性定位校正深度；

④上提注水泥塞管柱至预封油层顶界以上注水泥塞位置；

⑤接注水泥塞施工管线，并按要求进行试压。

203. 注水泥塞施工操作步骤有哪些？

答：(1) 将管柱完成在替灰深度，装好井口；

(2) 摆水泥车，连接地面管线，并对进口管线试压 25 ~ 35MPa，经 5min 不刺不漏为合格；

(3) 配制水泥浆；

(4) 打入前隔离液，再正替水泥浆，然后打入后隔离液，接着泵入全部顶替量；

(5) 上提管柱，尾管完成在设计灰面以上 1.0 ~ 2.0m，坐好井口后用压井液反洗出多余的灰浆；

(6) 上提油管至反洗位置以上 30 ~ 50m，坐好井口，向井筒灌满同性能压井液；

(7) 关井候凝 24 ~ 48h（是否需要憋压由设计来定）；

(8) 缓慢加深管柱探灰面，重复试探 3 次，加压 20 ~ 30kN，确定水泥塞面后，上提管柱至灰面以上 5m；坐好井口，装上压力表，对水泥塞进行试压（试压前先循环洗井后再试压）；试压标准同套管试压。

204. 注水泥塞施工注意事项有哪些？

答：(1) 编写设计前应有被封堵层静压，设计的注水泥塞压井液液柱压力要大于静压 1 ~ 1.5MPa；

(2) 认真检查水泥质量，油井水泥的使用要符合标准；

(3) 严禁使用促凝或缓凝作用的液体作为注水泥塞压井液；

(4) 注水泥塞前井场要备有 1.5 倍于井筒容积的压井液，必须将井压稳方可注水泥塞；

（5）注灰井在不溢不漏情况下才能进行注水泥塞施工；

（6）施工中若水泥车发生故障不能泵送时，应立即上提管柱至安全高度或全部起出井内管柱；

（7）施工中提升设备发生故障不能起下管柱时，应立即反洗井，将井内全部水泥浆洗出井筒；

（8）必须在设计的施工时间内控制施工，关井候凝期间，井口要保证无渗漏；

（9）探灰面时，加深管柱若未探着灰面，应将管柱尾管提至候凝深度以上；

（10）注水泥塞管线的进出口应一致，并做好反洗准备，管按标准试压；

（11）坐油管挂时必须检查油管挂密封填料是否完好，若填料损坏应及时更换；

（12）对有漏失的油井注水泥塞施工，必须垫够稠修井泥浆方可施工；

（13）施工操作人员要穿戴好劳保用品。

205. 注水泥塞施工的质量要求有哪些？

答：（1）设计的水泥塞厚度应在 10m 以上；

（2）水泥塞与被封堵层顶界的距离必须大于 5m；

（3）正常情况下，水泥塞顶面要保证在待返油层或上部已射层底界 20m 以上；

（4）需封井的油水井无特殊要求者应注两个水泥塞，第一个水泥塞位于最上一个射开层顶界以上 50～60m，第二个水泥塞顶面距井口 50m 左右；

（5）配水泥浆的清水氯离子浓度，当井深小于 3000m 时为 1000mg/L 以下，当井深超过 3000m 时为 700mg/L 以下；

（6）注水泥塞井段夹层小于 10m 时，注水泥塞管柱要进行磁性定位校正长度，尤其是深井；

（7）验证水泥塞质量严格执行试压标准。

206．桥塞有哪些主要用途？

答：（1）代替水泥塞，用于封堵底层、封井等；

（2）分采，如与插管组合卡堵水层，开采油层；

（3）用作底封隔器，进行挤注水泥、压裂、酸化和堵水等特殊井下作业。

207．桥塞主要类型有哪些？

答：按坐封方式不同，桥塞分有电缆和管柱（油管或钻杆）两种；按其解封方式不同，分有可取、不可取和可钻三种；按其使用期不同，分有可取式暂时性和固定式永久性两种。

208．电缆桥塞的结构及工作原理是什么？

答：（1）吉尔哈特桥塞结构。

下井管串由电缆＋磁定位器＋安全接头＋坐封工具＋桥塞组成。

（2）贝克桥塞坐封工具的结构和工作原理。

下井管串与吉尔哈特电缆桥塞基本相同，只是坐封工具有差别。可坐封贝克、哈里伯顿、吉尔哈特型桥塞。贝克坐封工具主要由火药点燃室、浮动活塞缸套和活塞、十字头联杆套筒和安装芯轴组成。依靠电发火引燃火药的高压气体作动力，通过浮动活塞缸套和活塞，使坐封工具伸开，造成接头外筒向下运动，中间的连杆不动，使活塞的运动变成挤压桥塞的两端，当挤压力达到设计要求时，桥塞即可坐封。同时坐封工具将桥塞上端胀力套拉断，实现了桥塞与坐封工具的脱离。

209. 油管坐封桥塞的结构、特点及工作原理是什么？

答：以贝克回收式油管坐封桥塞为例，由卡瓦总成、摩擦块总成、密封系统总成、J型键芯轴总成和主轴总成等五大部分组成。工作原理为：

（1）管柱起下桥塞时（桥塞不工作），"L"回收头将桥塞的卸压滑套强行下推，卸压阀打开。桥塞上、下通过主轴、密封中心管、卸压滑套长槽连通；同时桥塞的扇形控制块卡在主轴的梯形螺纹上，阻止摩擦块总成上移，而摩擦块总成与卡瓦总成、密封系统总成连接，阻止了卡瓦总成和密封系统总成上下位移，上、下卡瓦不坐封，胶筒不扩张。

（2）桥塞快下到坐封位置时，在缓慢下放油管的同时，右旋管柱，使扇形控制块脱离主轴上右旋梯形螺纹上移到主轴两段特殊梯形螺纹之间的圆轴上。此时管柱继续下放，摩擦块与套管内壁的摩擦阻力支撑住卡瓦总成，主轴下移，涨开下卡瓦，使之卡在套管内壁上。再下放管柱，管柱重量便加在胶皮筒上，胶筒长度压缩，直径增大，密封住油、套环形空间后，上提管柱，使上卡瓦卡于套管内壁上。如此上提、下放管柱多次，消除卡瓦锥体的松弛，使扇形锁定块在主轴上尽可能上移，使桥塞密封性最好。由于扇形锁定块与主轴上的左旋梯形螺纹啮合，桥塞失去外部管柱负荷后，锁定块不会下移；卡瓦下锥体不下移，卡瓦就固定了。于是在桥塞坐封后，左旋管柱将"L"型回收头倒出，回收头上提带动卸压滑套上移，将卸压阀关闭，从而实现用管柱坐封桥塞和桥塞坐封后与管柱脱开的目的。

（3）用管柱将回收头下到桥塞顶部，桥塞的"J"型键芯轴进入回收头的"J"型槽里，将卸压滑套往下推，打开卸压阀，则桥塞上、下沟通，压力平衡后右旋转管柱，并同时上提大约 0.9 ～ 1.35tf 的拉力。这样扇形锁定块沿特殊支撑左旋螺纹向下运动，直至锁定块到两段螺纹中间的圆轴上，而扇形控制块挤到主轴的下段右旋螺纹上啮合住，使脱开的卡瓦总成、密封胶筒等恢复原状，实现桥塞回收的目的。

210. 管柱坐封贝克桥塞操作方法是什么？

答：（1）工具下井前，检查"L"型回收头和桥塞；

（2）在回收头下部接上桥塞，桥塞的"J"型键要在"L"型回收头的"J"型槽的 2 ～ 3 之间的位置；

（3）"L"型回收头上部连接管柱，提起管柱，慢慢将回收头和桥塞下入井内；

（4）桥塞下到预定坐封位置以上约 50m 后，缓慢下放，到坐封位置时要边下放边右旋管柱 4 圈（这 4 圈必须完全用于启动扇形控制机构），以启动控制机构和释放主轴，从而将上卡瓦推出卡住套管内壁；

（5）下放油管柱，以油管重量坐封胶筒，并使上卡瓦完全卡住套管内壁；

（6）上提 4.53tf，将下卡瓦推出，卡在套管内壁上；

（7）重复操作 3 次步骤（5）和（6），使扇形锁定块尽可能啮合于主轴左旋螺纹的上部；

（8）用管柱下压 1.36tf 左右，然后一边左旋一边缓慢上提，使桥塞"J"键自动从回收的"J"型槽中的位置 2 移到位置 4；

（9）上提管柱，回收头将桥塞的卸压阀关闭，又使"L"回收点脱离桥塞。

211. 回收贝克可回收桥塞操作方法是什么？

答：（1）用带有"L"回收头的管柱冲洗干净桥塞上面

的砂子和水泥等脏物；

（2）回收头下到桥塞上部，使桥塞"J"型键芯轴进入回收头"J"型槽里，打开卸压阀，右旋管柱，同时上提大约 $0.9 \sim 1.36tf$ 的拉力解封桥塞；

（3）桥塞初步解封后，边上提边右旋管柱，以使扇形锁定块完全松开，而扇形控制块完全咬紧主轴下段的右旋螺纹。

212. 油水井窜通的原因有哪些？

答：地层窜通的原因：

（1）对于夹层小、地层胶结物性差，特别是浅层的泥质胶结砂岩，因地层疏松，胶结强度低，在"水蚀"作用下或压差大时，导致地层之间上下窜通；

（2）由于地层中存在各种水平、垂直、斜交的天然裂缝，它们长短不一，有的可在井筒内延伸到 10m 以上，沟通了本井的其他层，造成单井地层窜通，有的甚至沟通了两口井或两口以上的井。

管外窜通，是套管与水泥环或水泥环与井壁之间的窜通。造成管外窜通的原因有：

（1）固井质量差，固井时水泥浆窜槽，水泥环与地层或套管之间的胶结不好引起窜通；

（2）射孔时震动太大，在靠近套管壁处的水泥环被震裂，形成窜通；

（3）管理措施不当引起窜通，由于油水井管理不当而造成地层坍塌，形成管外窜通；

（4）分层作业引起窜通，分层酸化或分层压裂时，由于压差过大而将管外地层憋窜，特别在夹层较薄时，憋窜的可能性更大；

（5）套管腐蚀造成窜通。

213. 油水井窜槽的危害有哪些？

答：油井窜槽的危害：

（1）上部或底部水层的水窜入，影响油井正常生产，严重的水窜会造成油井全部出水而停产；

（2）对浅层胶结疏松的砂岩油层，因外层水的窜入出现水敏，造成胶结破坏、油层堵塞或出砂，不能正常生产；严重水窜浸蚀，层间压差大，造成地层坍塌使油井停产；

（3）因水窜加剧了套管腐蚀，降低了抗外挤或抗内压性能，严重者造成套管变形损坏。

注水井窜槽的危害：

（1）达不到预期的配注目标，影响单井（或区块）产能，同时影响砂岩地层泥质胶结强度，易于造成地层坍塌堵塞；

（2）加剧套管外壁（第一界面）的腐蚀，减低了抗压性能，以致使套管变形或损坏；

（3）导致区块的注采失调，达不到配产方案指标要求，使部分油井减产或停产；

（4）给分层注采、分层增产措施带来困难。

214. 什么叫找窜？有哪些方法？

答：确定油水井层间窜槽井段位置的工艺过程叫找窜。油水井找窜的方法主要有声幅测井找窜、同位素测井找窜和封隔器找窜三种方法。

215. 声幅测井找窜的原理是什么？

答：由声源发出的声波经井内的液体、套管、水泥环和地层各自返回接收器。通常声音在套管中的传播速度大于在其他介质中的传播速度，而声波幅度的衰减与水泥和套管、水泥和地层的胶结程度有关。一般声波幅度的衰减，反比于套管的厚度，正比于水泥的密度。即套管越薄，水泥越致密，声波幅度的衰减就越大。利用声波测井这一原理，可检查套管外水泥环的固结情况及水泥面的上返高度。

216．声幅测井中声波曲线有什么应用？

答：（1）水泥固结程度好，声波曲线的幅度低；反之声波曲线的幅度高。

（2）在接箍处固结差，声波幅度异常低；在水泥面处，有高幅度到低幅度的突变。

（3）根据声波幅度的高低，可判断水泥固结的好坏。当套管与水泥固结好或较好时，一般无管壁窜通；套管外无水泥固结时，窜通的可能性最大。

（4）当声幅曲线呈高值显示时，可判断为无胶结或无水泥两种情况，但要具体分析。在水泥面以下的井段，为无固结或固结不良。

若水泥环与井壁（第二界面）封固不好而形成窜通，用声幅测井难于判断。现场用以声幅为先行的组合找窜法，其中包括声幅与封隔器及声幅与同位素的组合找窜。

217．声幅测井操作步骤是什么？

答：（1）按施工设计要求选择适当密度的压井液压井后，起出井内油管，下冲砂管柱（底部带冲砂笔尖），冲砂至人工井底；

（2）起出冲砂管柱，卸掉笔尖连接大于测井仪器外径与长度的通径规，下通径规通至被找窜层以下50m，起出通井管柱；

（3）下声幅测井仪器测井，解释声幅测井曲线。

218．声幅测井施工注意事项有哪些?

答:(1)声幅测井前,要求清理井底,并用直径和长度大于测井仪的通径规通井;

(2)如遇到套管变形破损,应先进行修理,以保证声幅测井仪器起下畅通;

(3)各种找窜管柱必须丈量准确,下井工具必须用管钳上紧,严防落物入井。

219．同位素找窜的原理是什么?

答:利用往地层内挤入含放射性元素的液体而取得放射性曲线,与油井的自然放射性曲线作对比,来鉴别地层的窜通情况。

220．全井合挤同位素找窜的施工步骤有哪些?

答:(1)清理井筒,洗井,完成施工管柱;

(2)配制放射性跟踪试剂;

(3)测油井的自然放射性基线;

(4)试挤,记录其泵压、挤入量;

(5)替入(或电缆带入)一定体积的同位素液于油层井段,关套管阀门将同位素挤入地层;

(6)加深油管至井底洗井,用液量不少于2倍井筒容积,然后上提油管、喇叭口至射孔顶界以上30m;

(7)测放射性曲线,对比两次测试结果分析有无窜槽;如有,确定出窜槽层位及井段位置。

221．分层段挤同位素找窜的施工步骤有哪些?

答:(1)清理井底,保证砂面不掩盖欲测井段;

(2)用大于仪器直径和长度的通径规通过欲测井段,保证仪器在井筒内自由起下;

(3)起出井内管柱,测放射性基线;

（4）根据找窜目的层和要求，下水力压差式封隔器至欲测井段，封隔器下部接 745—5 型定压阀，阀下部接油管，最下部接球座，球座下至欲测井段的下部（如对上部井段挤同位素液体时，定压阀可接在封隔器的上部），试封隔器密封性；

（5）循环清水，投球试挤，如压力正常（与以往施工压力比较），就可挤同位素液体；

（6）正替入放射性同位素液至管鞋位置；

（7）替清水到油管鞋处；

（8）关井等候 24h，使地层吸收同位素液体；

（9）加深管鞋至井底，大泵量反循环洗井（洗井液量为井筒容积的 2 ～ 3 倍）；

（10）起出井内钻具，测放射性曲线；

（11）对比两次测井曲线，检查有无窜槽及窜槽所在井段位置，如封隔器上、下层段（非同位素挤入层段）的放射性强度有明显增加时，则说明有窜通。

222．什么是封隔器找窜？有哪几类？

答：封隔器找窜是一种比较简单可靠的找窜方法，常用水力压差式封隔器找窜。根据找窜时封隔器数目的不同，可分为双水力压差式封隔器找窜和单水力压差式封隔器找窜两种。

单水力压差式封隔器找窜是将封隔器下至欲测两层之夹层上，封隔器下部接 745—5 型定压阀，最下面接单流阀。

双水力压差式封隔器找窜与单水力压差式封隔器找窜区别是定压阀下部再接一个水力压差式封隔器，两个封隔器刚好卡在下部射孔段的两端。管柱结构如图 5—1 所示。

通常在多油层井找窜而下部层段又有漏失层的情况下，

采用水力扩张式双封隔器找
窜。根据找窜井油层情况的
不同，找窜工艺又可分为低
压井找窜、高压井找窜和漏
失井找窜三种类型。

223．简述低压井找
窜施工工艺过程。

答：（1）按设计要求起
出井内管柱，下光油管探冲砂
至人工井底，通井深度至油
层底界以下 20～30m。找窜
井段不具备进出孔时，应补
射观察孔（一般 0.5m 射 4～
5 孔），下打窜管柱至设计要
求的验证管柱位置。

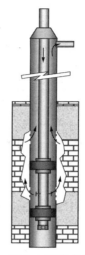

图 5-1　双水力扩张式封隔器找
窜管柱结构示意图

（2）井口及地面管线试压压力 25MPa，不刺不漏为合
格，清洗、刮削套管，确保套管内壁清洁。

（3）将封隔器下入验窜井段以下"口袋"内，先测井的
溢流量，再循环洗井坐封，验证封隔器密封性。

（4）上提封隔器至验窜井段位置，投球坐封后泵入液
体按低、高、低三个点压力，每点稳定压力 10min，测返出
液量。如返出量小于或等于溢流量时说明管外不窜；否则将
封隔器提至射孔段以上，验证封隔器的密封性。如封隔器是
密封的，则说明地层是窜通的；否则查找封隔器不密封的原
因，如确实封隔器损坏了，找窜要重新进行。

（5）当无法用循环法找窜时，用正注液体在套管环形空
间测动液面的方法，或将找窜管柱的 K334 换成 Y211 从套管

打压在油管内下压力计测压的方法进行找窜。

224. 简述低压井找窜施工的注意事项。

答：（1）找窜前要先冲砂、热洗、通井等，以便了解该井的套管完好性及井下有无落物；

（2）测窜时应坐好井口，若井口用自封封井器密封时，应防止封隔器在憋压时上顶；

（3）测完一个点上提封隔器时，要缓慢泄压，慢慢上提，以防砂子大量外吐，造成卡钻事故；

（4）发现窜通时，必须上提封隔器至射孔段以上，检查封隔器的密封性；

（5）封隔器找窜加压要平稳，不得高于设计压力，避免将套管外水泥环憋坏，造成新的窜槽；

（6）找窜液体进出口不落地，大罐、池子要清洁；

（7）拉液罐车必须干净，水泥车要满足施工所需排量和泵压。

225. 简述低压井找窜施工的质量要求。

答：（1）油管数据要准确，封隔器应坐在欲测层段的夹层上，且位置应避开套管接箍；

（2）施工井的资料、数据齐全，注明固井质量和找窜井段及未射孔井段上部 50m 内的套管接箍深度；

（3）不得将水基钻井液或污物注入地层和窜槽部位，若窜通量大于 20L/min，则进行封窜施工。

226. 什么是高压井封隔器找窜？

答：在高压自喷井找窜时，可用不压井不放喷的井口装置将封隔器下至预定位置。油管及套管应装压力表。找窜时从油管泵入液体，使油管与套管造成压差，并观察套管压力是否随着油管压力而变化。如套管压力随着油管压力变化，且封隔器经验证完好，则证明管外是窜通的。高压自喷井找窜应选合适密度的压井液压井后，再进行找窜。管柱结构如图 5-2 所示。

227. 什么是漏失井封隔器找窜？

答：在地层漏失、找窜液无法构成循环的情况下，可在水力扩张式封隔器下至预定位置后，采用油管打液体、套管测动液面的方法或换其他类型封隔器，采用套管打液体、油管内下压力计测压的方法进行找窜。

228. 配水泥浆操作步骤有哪些？

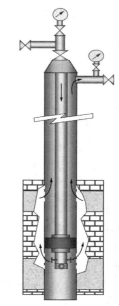

图 5-2　高压井封隔器找窜管柱结构示意图

答：(1) 在 $2m^3$ 罐内按设计要求放入淡水及缓凝剂等添加剂，开泵用水泥车刺枪在罐内循环；

(2) 清水及缓凝剂均匀混合后，向 $2m^3$ 罐内均匀地加入油井水泥；

(3) 边加、边刺、边搅拌，将加到 $2m^3$ 罐内的油井水泥刺开与水混合成浆状；

(4) 加完设计量的油井水泥后，循环均匀，然后用密度计快速测量出水泥浆密度，密度达到设计要求为合格；

(5) 将钢板尺垂直插入 $2m^3$ 罐中，计量出水泥浆体积。

229．配水泥浆操作注意事项有哪些？

答：（1）配水泥浆时，刺枪必须两个人同时握住，在罐内来回晃动刺起沉底的水泥浆；

（2）施工中，施工人员必须穿戴好劳保用品，戴好防尘口罩；

（3）配水泥浆施工中，避免将水泥碎纸袋掉入罐内，发现水泥结块、失效，要停止使用。

230．配水泥浆操作质量要求有哪些？

答：（1）要求配水泥浆的时间安排紧凑，一般在 20min 以内完成；

（2）水泥浆性能测定：

①水泥浆密度要在施工现场配制水泥浆过程中，使用密度计直接测定；

②注水泥塞的水泥浆，必须施工前在实验室模拟井下地层条件测定水泥浆的稠化时间；

（3）施工前要认真检查水泥、添加剂是否合格。

231．什么是循环法封窜？

答：对窜通时间不长、窜通量不大的管外窜通井，可采用循环法封窜。即将水泥浆以循环而不憋压的形式替入窜槽内，使水泥浆凝固，以达到封窜的目的。优点是对油层的污染比较小，一般不会产生封窜后堵死全部射孔段的问题。

232．循环法封窜分哪几类？

答：根据管柱的连接方法不同，循环法封窜又分为单水力扩张式封隔器封窜和双水力扩张式封隔器封窜。

（1）单水力扩张式封隔器封窜：

封窜前只露出夹层以下 1 ~ 2 个小层段，其他层段采用人工填砂的方法掩盖。封隔器坐于夹层上，井口部分采用自封封井器密封。管柱结构如图 5-3 所示。

(2) 双水力扩张式封隔器封窜：

下封隔器坐于窜通层以下紧靠窜通层的夹层上，上封隔器坐于已窜通的夹层上，水泥浆由两个封隔器之间替进，由窜通的下部油层进入窜通部位。优点是可不填砂、不留水泥塞或少留水泥塞；缺点是下入井内的封隔器多级，遇到卡钻时较难处理。管柱结构如图 5-4 所示。

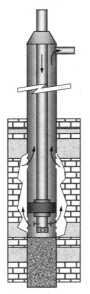
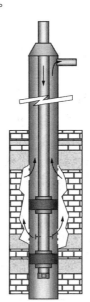

图 5-3 单水力扩张式封隔器
封窜管柱结构示意图

图 5-4 双水力扩张式封隔器
封窜管柱结构示意图

233. 简述循环法封窜施工步骤。

答：(1) 封窜井段下部有暴露的射孔层位，则下光油管填砂埋掉下部油层，若下部油层距井底之间井段过长，则注悬空水泥塞或下桥塞封堵下部油层；

（2）加深油管探砂面（或水泥塞），埋掉下部暴露油层顶界5m左右为合格，否则冲砂至暴露层顶界以上5m左右的位置；

（3）起出冲砂管柱，下单级封隔器封窜管柱，管柱结构（自上而下）：

油管+安全接头+K344-113封隔器+745-5定压单流阀+球座，将封隔器坐在井内射孔井段以下10～20m，装好井口；

（4）投球，接正试压管线，用泵缓慢正注压井液憋压10MPa，若套管无溢流则证明井下管柱及封隔器密封良好，卸掉井口上提油管，下封隔器至两窜通层的下通口以上2～5m处，接好正循环封窜施工管线；

（5）用水泥车正注清水，冲洗窜槽，冲至返出液体不夹带大量泥砂且泵压平稳为止；

（6）按设计要求配制密度为1.75～1.859g/cm³的水泥浆；

（7）正替水泥浆，正顶替一定数量压井液，将水泥浆顶替至745-5节流器以上20m处停泵；

（8）卸井口，上提管柱使球座完成在窜槽井段以上10～20m，装好井口，接反循环洗井管线，开泵反循环洗井，洗出多余水泥浆（球洗出），洗井液量最少是井筒容积的1.5～2倍；

（9）卸井口，继续上提油管40～50m，装好采油树，井筒灌满压井液，关井候凝48h；

（10）卸井口，起出井内管柱，下螺杆钻具钻塞至设计深度后，起出钻塞管柱，进行下步验窜施工。

234．简述循环法封窜施工的注意事项。

答：(1) 整个施工要保证设备正常运转，要有备用水泥车；

(2) 顶替水泥浆时，若发现水泥车泵压突然上升，应立即停止替水泥浆，进行反洗井，洗出井内水泥浆；

(3) 从配水泥浆到顶替水泥浆入窜槽至上提管柱的总时间不能超过水泥浆稠化时间的 70%。

235．什么是挤入法封窜?

答：当井壁坍塌、窜槽体积大、形状不规则、且堆积有大量岩块时，如仍用不憋压的循环法封窜，则水泥浆很难充满窜槽部位，使封窜失败。此时应用挤水泥浆法进行封堵。缺点是在封窜中有大量水泥浆进入油层，易挤死油层，且封堵工艺比较复杂，容易造成井下事故。由于井况不同挤入法封窜可分为封隔器法封窜和油管封窜。

236．什么是封隔器法封窜?

答：管柱结构自下而上由单流阀球座、745-5 型定压阀（DO06545 型定压阀）、水力扩张式封隔器和油管组成，为避免挤水泥时挤死其他油层，封隔器下入位置应根据层段的不同而有所选择。

当窜槽以上油层少时，可采用由下往上挤水泥浆的办法。即将下部的射孔段填砂，只露出部分射孔段。封堵时水泥浆由此上返进入窜槽内，以达到封窜的目的。封窜管柱结构如图 5-5 所示。

当窜槽以上油层较多时，为防止挤死上部油层，可将窜槽下部的孔段填砂掩盖，将水力扩张式封隔器坐于紧靠窜通层上部的夹层上，水泥浆自上而下地挤入。管柱结构如图 5-6 所示。

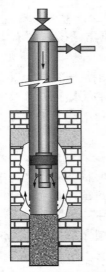
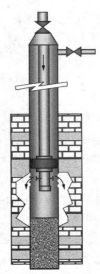

图 5-5　用封隔器自下而上挤入　　图 5-6　用封隔器自上而下挤入
　　　　　封窜示意图　　　　　　　　　　　封窜示意图

237. 封隔器法封窜的施工步骤有哪些？

答：（1）清洗井筒后，下水力扩张式封隔器至预定的夹层上，其下部接定压阀及球座，定压阀和球座至射孔井段底界以下 10m，反循环洗井后向油管内投入球，待球入座后用清水正试压 10～15MPa，保持泵压 10min，检查封隔器密封性；

（2）上提油管将封隔器位于窜槽层间的夹层位置，装好井口；

（3）正洗法清洗窜槽部位；

（4）配制水泥浆（或化学堵剂），水泥浆密度在 1.75～1.859g/cm³ 范围较为适宜；

（5）泵入前置液（淡水）→水泥浆→后垫淡水，顶替水泥浆至窜槽井段；

（6）用清水将水泥浆替至定压阀以上 10 ~ 20m 处；

（7）根据水泥浆性能、添加剂数量及井下温度等决定静止时间，等候压力扩散和水泥浆稠化；

（8）上提油管，尾管完成在上部油层顶界以上 20m 后反洗井，再上提油管 40m 左右，井筒罐满压井液，装好井口关井候凝 24 ~ 48h；

（9）起出封窜管柱；

（10）加深油管探灰面，灰面盖住油层即可，反洗井后试灰面密封性，一般试压 10 ~ 15MPa，稳定 10min 不降为合格；

（11）起出管柱，下螺杆钻具钻水泥塞至封窜井段底部油层以下 10m 或至井底，彻底洗净灰屑后，起出钻塞管柱；

（12）下通井，刮削管柱，清除套管内壁水泥环；

（13）检验封窜效果，对封窜后的上下各层试吸收量，一般加压 10 ~ 12MPa，吸收量符合设计要求即可进行验窜；如果达不到要求，则补孔后再进行验窜和封窜。

238．封隔器法封窜的施工注意事项有哪些？

答：（1）封隔器上部应接安全接头，以便封隔器遇卡后可以倒开冲洗；

（2）挤水泥浆时，如泵压明显上升，应停止挤注而改替清水，以防压力猛升使水泥浆在油管内替不出去，且必须确保一切设备正常运转，同时需有备用水泥车才可施工；

（3）挤水泥浆的全部工作时间不得超过水泥初凝时间的70%。

239．油管封窜的施工步骤有哪些？

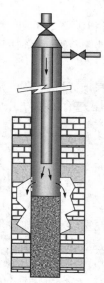

图 5-7　油管封窜示意图

答：当窜槽复杂或套管破损不易下封隔器时，可采用下油管封窜方法。管柱结构如图 5-7 所示。

（1）此法适用于窜槽上部无暴露的射孔层位的油水井。若窜槽井段下部有暴露的射孔层位，则下光油管填砂，埋掉下部油层。若下部油层距井底之间井段过长，不易填砂，则注悬空水泥塞或下桥塞封堵下部油层。

（2）加深油管探砂面（或水泥塞），若砂面在窜通层进口以下，则以埋掉下部暴露油层 5m 左右为合格，否则冲砂至下部暴露油层顶界以上 5m 左右的位置。

（3）按设计调整井内管柱深度，使油管底部完成在窜通井段的射孔层位以上 50m。装好井口总阀门，接好正循环洗压井管线，并对进口管线进行试压 20MPa，不刺不漏为合格。开泵正循环洗压井两周（洗井液与压井液性能相同）。试挤，测定泵压与吸收量。

（4）按设计要求配制密度为 1.75 ～ 1.859g/cm³ 的水泥浆，用水泥车正替配好的全部水泥浆，水泥浆自钻具内注入，出口（套管阀门）处接一计量容器或水泥车量取自井中返出物的数量，当将水泥浆顶替至距管柱尾部 100m 左右时，关套管阀门（出口阀门）。继续顶替水泥浆至油管以下 20m，顶替完预计的顶替量后停泵。

（5）关总阀门，将施工管线倒成反挤管线后，开泵从套管阀门小排量向油、套管环形空间内打入顶替液，排量一般为 600L/min。顶替完后，关井候凝 48h。

（6）开井口阀门放压，卸井口，加深油管探水泥塞后，起出井内管柱，下螺杆钻具钻塞。钻塞后起出钻塞管柱，进行下步验窜工作。

240．油管封窜的施工注意事项有哪些？

答：采用油管法封窜时，除了注意与封隔器法挤水泥相同的一些问题之外，尚需特别注意以下几点：

（1）上部套管应无破损和漏失；

（2）选用本方法的井应是窜通层位以上无暴露的射孔油层；

（3）若施工中水泥车出现故障，应立即放压，起出井内油管。

241．油管封窜的施工质量要求有哪些？

答：（1）下井油管必须丈量准确，检查完好，不合格油管不能下井，油管螺纹要上紧，保证施工管柱无漏失现象；

（2）顶替量应准确无误，不能多顶，也不能少替；

（3）封窜施工必须连续进行，中途不得停泵。

242．什么是循环挤入法封窜？

答：循环挤入法封窜是循环与挤入两种方法的联合使用。它使水泥浆在不憋压的方式下进入窜槽，再用挤入的方法，使水泥浆充填好。

243．循环挤入法封窜施工步骤有哪些？

答：（1）水泥浆开始进入窜槽时，套管阀门处于打开状态；

（2）当进入足够的水泥浆后，关闭套管阀门挤入剩下的水泥浆；

（3）替够清水，静止一定时间；

（4）上提封隔器至射孔段以上，反洗井冲去多余的水泥浆；

（5）上提 1～2 根油管，关井候凝。

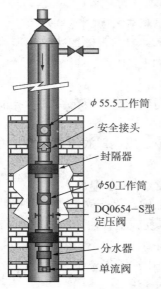

图 5-8　填料水泥浆封窜管柱结构示意图

244．什么是填料水泥浆封窜？

答：为了防止水泥浆由于重力而下沉，在水泥浆挤入并充满窜槽后，接着挤入填料水泥浆堵死窜槽的进口，避免水泥浆反吐，以达到封堵的目的。管柱结构如图 5-8 所示。

245．填料水泥浆封窜施工步骤有哪些？

答：（1）下入双级封隔器管柱至设计位置，进出口管线及井口分别试压 25MPa，不刺不漏为合格；

（2）清水正循环洗井，套管返出水后，投球验证窜槽；用试挤清水或轻质油的方法进一步核实资料，同时检查管柱；

（3）配水泥浆及填料水泥浆，其填料可根据窜通量的大小来选定；

（4）向井内连续泵入胶质水泥浆（水基钻井液与水泥浆配成的水泥浆）300L 作为前隔离液（俗称前垫），将油与水

图中标注：
- φ55.5工作筒
- 安全接头
- 封隔器
- φ50工作筒
- DQ0654-S型定压阀
- 分水器
- 单流阀

隔开；

（5）正挤普通水泥浆及填料水泥浆（有时再挤入胶质水泥浆作后垫），上下活动管柱后变动封隔器位置；

（6）替清水反洗井，使水泥浆自下而上进入窜槽井段，直到填料水泥浆填堵窜槽进口并有明显升压时停泵；

（7）上提封隔器到油层顶界以上 50m，使尾管球座在窜槽顶端（出口）以上；

（8）井筒灌满清井，关井候疑 48h。

246．填料水泥浆封窜注意事项有哪些？

答：（1）根据该井的电测曲线（微井径或射孔质量检查图），定出窜槽的进、出口及封隔器的位置；

（2）进口段应选取渗透性不好的薄油层或误射孔井段，如上述条件不具备时，则补孔 0.5m，作为进口；

（3）清水的替入量等于井内油管与地面管线容积之和。

247．填料水泥浆封窜质量要求有哪些？

答：（1）以封窜井井深的相应井温和施工用水做室内水泥浆性能试验；

（2）填料水泥浆的密度低于封窜水泥浆密度 0.05g/cm³，封窜水泥浆的理论量附加 50%；

（3）填料水泥量一般为 150 ~ 200L，填料水泥浆替到射孔孔眼部位，不能过量将填料水泥浆替过射孔孔眼部位。

248．填料水泥浆封窜要录取哪些资料？

答：（1）管柱结构、管柱深度、封窜进出口层位（井段）、封窜井段、校正的窜通量；

（2）水泥化验数据、配制水泥浆使用清水的氯离子含量、封窜水泥浆量、密度、添加剂名称及用量、填料水泥浆量、密度、各种水泥浆注入量、顶替液名称及用量；

（3）注入泵压、注入时间、反洗深度、返出水泥浆量、候凝时间。

249．如何验证封窜效果？

答：（1）下验证封窜管柱至设计位置，地面管线试压15MPa，不刺不漏为合格；

（2）清水正洗井套管返出水后，投球，正加压8MPa稳定时间20～30min，记录注入量和返出量；

（3）上提管柱至找窜管柱位置，检查管柱和封隔器的密封性，落实数据的可靠性；

（4）验证封窜效果的窜通量不大于200L/30min为封窜成功。

250．什么是钻水泥塞？

答：下返回采、封窜、堵漏、堵层、二固等许多施工都需要钻水泥塞。钻水泥塞通常使用的钻具有两种，一种是用钻杆携带钻头，用修井转盘的旋转带动井下整体钻具旋转，称转盘钻塞；另一种是用油管携带螺杆钻具，用水力驱动油管下部的螺杆钻具旋转，称螺杆钻具钻塞。

251．转盘钻塞与螺杆钻具钻塞的区别有哪些？

答：转盘钻塞特点：

（1）转盘钻塞扭矩大，采用的钻杆强度比油管大得多；

（2）转盘钻塞的施工可靠性比螺杆钻具钻塞强，许多水泥塞上部有落物，通过打捞可以捞得十分干净；当钻杆底部连接刮刀钻头而使用转盘带动钻塞时，这些微小落物可不必打捞；

（3）转盘钻塞对套管的完好程度无特殊要求；

（4）井筒无硬狗腿弯，钻具下井无遇阻现象即可下入钻杆进行施工；

（5）转盘钻塞劳动强度大，对套管有磨损。

螺杆钻具钻塞的特点：

（1）操作简便，工人劳动强度低，对套管磨损小；

（2）扭矩较小，对水泥面要求严格，不得有任何小件落物；

（3）对套管完好程度要求高，如 121 ～ 124mm 内径的套管使用前应用 ϕ114mm 长度不小于4m 的通径规对套管内通径，若通径规有遇阻现象则不适于下螺杆钻具。

252．简述转盘钻塞的施工过程。

答：（1）检查转盘，做好钻塞准备工作；

（2）将钻头长度、直径（小于套管内径6 ～ 8mm）测量准确，并绘制草图；

（3）用管钳将钻头连接在下井的第一根钻杆底部，同时将水龙头与水龙带、方钻杆与水龙头连接好；

（4）下钻接近塞面10 ～ 15mm 左右后缓慢下放探灰面，探得准确灰面后，在与套管四通平齐位置打好记号，将探方主那根钻杆起出，量出方入长度，并计算出灰面深度；

（5）将放入鼠洞的方钻杆挂好吊卡提起与井口钻杆内螺纹接箍对接上紧，补心放入转盘内（补心用螺栓连接牢固），同时连接好水龙带与水泥车（或钻井泵）的管线；

（6）开泵正循环洗井一周，合转盘离合器，低转速转5 ～ 10min 正常后，加压钻进（钻压控制在10 ～ 20kN 范围），钻压根据钻头型号而定，转速不低于80r/min；

（7）每钻进一根单根，不停泵上提下放划眼1 ～ 2次，速度不能过快，划眼后停泵起方钻杆，卸掉方补心螺栓，取出方补心，卸掉方钻杆，放入鼠洞，接好单根下入井内再连接好方钻杆，补心放入转盘内，补心用螺栓连接牢固，开泵钻进；重复上述动作，直到钻塞完毕；

（8）充分洗井一周以上，起出全部钻具。

253．简述转盘钻塞的注意事项。

答：（1）水泥车或钻井泵要保持足够的排量，保证干水泥碎屑能被循环液携带出井口；

（2）不可盲目加大钻压，螺杆钻具钻塞钻压控制为 5 ～ 15kN；

（3）每一次接单根前要大排量充分洗井，接单根速度要快，接好后立即开泵；

（4）每钻完一根单根要划眼两次；

（5）钻塞途中若要停泵，应将钻头提至原水泥塞面以上 20m。

254．简述转盘钻塞的质量要求和 HSE 管理要求。

答：质量要求：

（1）下井的钻头长度、外径、钻杆长度必须丈量准确；

（2）钻杆螺纹抹好螺纹油上紧，接单根前一定要大排量洗井 10min 以上。

HSE 管理要求：

（1）补心务必用螺栓连接牢固，以防飞出伤人；

（2）安装好井口封井器，防止井喷；

（3）水龙头与水龙带连接好后，应拴好保险绳。

255．简述螺杆钻具钻塞的施工过程。

答：（1）下油管通井（ϕ114mm 套管选用 ϕ114mm × 4mm 的通径规通井）；

（2）检查螺杆钻具转动部分的灵活性，检查方法用 1200mm 管钳固定螺杆钻具壳体，再用 900mm 管钳卡住转动部分，一只手轻压正转，能转动即可；

（3）将三牙轮钻头用 1200mm 管钳接在螺杆钻具的下端转动轴上；

（4）将螺杆钻具及辅助井下工具按顺序下入井内，钻具组合顺序自下而上为：

钻头＋螺杆钻具＋$\phi 73mm$ 加厚短节＋滑套短节＋$\phi 73mm$ 油管短节＋缓冲器＋井下滤器＋$\phi 73mm$ 加厚短节＋$\phi 73mm$ 加厚油管；

（5）连接钻塞施工地面循环管线（地面管线中要接好地面过滤器）；

（6）水泥车或钻井泵以 500 ～ 600L/min 的排量正循环洗井，循环洗井正常后，缓慢下放钻具，钻具钻至塞面后，观察拉力计，保持钻压在 5 ～ 15kN 的范围内钻进；

（7）钻完一个单根后，上提下放划眼两次并循环洗井一周后停泵；

（8）接另一个单根，继续开泵钻塞，重复操作步骤（6）、（7），直至将塞钻完。

256．简述螺杆钻具钻塞的注意事项。

答：（1）钻塞前须检查修井液质量，一定要干净，确认塞面干净无炮垫金属等物，否则应先打捞干净再钻塞；

（2）钻塞中出现钻柱转动，应立即上提或减小钻压；

（3）水龙带及活动弯头必须拴好保险绳并挂在游动滑车大钩上；

（4）操作人员穿戴好劳保用品；

（5）转盘钻塞若使用牙轮钻头，其钻压应与螺杆钻具钻塞相同，使用刮刀钻头可适当加大钻压，但最大不超过 50kN。

257．什么是封窜水泥？

答：以硅酸盐水泥为主的油井水泥为固井和封窜材料。油井水泥分为冷井水泥和热井水泥两种。当井下温度大于50℃时使用热井水泥，反之则用冷井水泥。

258．油井水泥的组成和性能如何？

答：硅酸盐油井水泥用石灰石或石灰质的凝灰岩、粘土或页岩和少量的铁矿石按一定比例配制生料，是在1450℃左右的温度下煅烧而成的一种以硅酸钙为主要成分的熟料，再加上适当的石膏和其他加料（如砂、煤灰、粘土等）磨成细粉而成。常用油井水泥性能见表5-1。

表5-1　常用油井水泥性能

水泥分类	45℃水泥	75℃水泥	95℃水泥	120℃水泥
适用井深，m	0～1500	1500～3200	1500～3500	3000～5000
使用范围及条件	无	超深使用至3500m时，加入缓凝剂。井下静止温度高于110℃时加入硅粉，其含量不少于28%	静止温度超过110℃时，加入硅粉，其含量不少于28%	用于4500～5000m深度时加入缓凝剂及降失水剂来调节使用性能
MgO，%	5	5	5	6
SO_3，%	3.5	3.5	3	3
细度(0.08mm)，%	筛余15	15	15	15
安定性(沸煮法)	合格	合格	合格	合格
水泥浆密度g/cm³	1.85±0.02	1.85±0.02	1.85±0.02	1.85±0.02

续表

水泥分类	45℃水泥		75℃水泥		95℃水泥		120℃水泥	
静止流动度 mm	> 200		> 200		> 180		> 160	
水泥浆流动度 mm	> 240		> 240		> 220		> 220	
自由水（析水），%	< 1.0		< 1.0		< 1.0		< 1.0	
凝结时间 温度，℃	45±2		75±2		95±2		120±2	
凝结时间 时间范围	初凝 1:30～2:30	终凝 不迟于 1:30	初凝 1:45～3:00	终凝 不迟于 1：30	初凝 3:00～4:30	终凝 不迟于 1:30	初凝 在稠化时间	终凝 30Bc① 3:10
强度，MPa	不低于 3.5 常压 48h（抗折）		不低于 4.0～5.5 常压 48h（抗折）		不低于 5.5 常压 48h（抗折）		120℃养护压力 2.1，抗压强度 (48h) 大于 15	

① Bc 为水泥浆稠度单位，用高温高压稠化仪测得。

259．影响水泥性能的因素有哪些？

答：（1）水泥矿物成分的影响。

水泥熟料中不同矿物其水化速度和胶结强度差别较大，一般早期水化速度较快，强度也较高。但 C_3A 三天后强度变化就不大了，而后期强度最小。水化速度较慢，早期强度较低，但后期强度较高。故改变水泥矿物成分含量，可调节水泥浆的凝固速度，提高水泥的强度。

（2）水泥细度的影响。

水泥化学成分不变时，水泥颗粒的细度，对凝结速度和强度有很大影响。颗粒越细，比面积越大，水化速度越快，凝结时间越短，强度显著增加，但粉碎越细，成本越高。

（3）温度、压力的影响。

温度和压力的影响，不仅使水泥的凝固时间缩短，而且使水泥强度降低。高温时更易引起水泥凝固后强度衰退。我国高温油井水泥常在硅酸盐熟料中加入 20% ~ 25% 的石英与一定量的石膏石粉，以防止高温下水泥石的强度衰退。

260. 水泥浆性能参数有哪些？

答：（1）水泥浆自由水。

水泥浆自由水即为水泥浆的游离水，也称析水。国产的温度系列水泥标准规定自由水小于 1%，自由水受水灰比影响，水灰比高则自由水大。自由水又与细度有关。

（2）稠化时间及初始稠度。

①稠化时间：油井水泥在规定压力与温度条件下，从混拌开始至水泥浆稠度达 100 个稠度单位（Bc）的时间。

②初始稠度：开始配浆后初期水泥浆流动性能。现场施工总控制初始值在 10Bc 以内，好的流动性能在整个注替过程应保持在低的稠度，现场总控制在 50Bc 以内。

（3）抗压强度。

采用试体的抗压强度是表明水泥质量的主要指标。它检验水泥力学性能更接近水泥环的实际受力情况。抗压强度与抗拉强度保持有比较稳定的比例关系。

（4）水泥的安全性。

水泥耐久性指标，规定以高压釜养护试体测量长度变化率，允许的最大膨胀值是 0.8%。

（5）细度：测量通过水泥粉的空气渗透率，然后把测得的渗透率换成比表面积值。

261. 水泥浆的物理性能要求有哪些？

答：（1）密度。

国产干水泥的密度为 3150kg/m³ 左右，固井和封窜用的水泥浆，主要由油井水泥和水配成。水泥浆用水量常用水灰比（水与干水泥的重量比）表示。水灰比必须保持一定的范围，不能过小或过大。过小，流动性差，泵送阻力大；过大，凝固后水泥的强度下降，透水性能增加，破坏水泥石的密封性。常用水灰比的范围在 50% 左右，配制成密度为 1840kg/m³ 左右的水泥浆。一般水泥浆密度变化范围较小，在高、低压地区固井和封窜时，为使水泥浆密度不至于过低或过高，加入加重剂或减重剂，大幅度改变密度，以满足固井与封窜的要求。

　　（2）流动度。

　　固井和封窜中，为顺利把水泥浆泵送到预定位置，要求水泥浆具有良好的流动性，其初黏度应小于 30cP❶。油井水泥的流动度应大于 16 ~ 17cP。为提高水泥浆的流动度、减小流动阻力、提高泵速、保证封固质量，常在水泥中加入减阻剂。

　　（3）凝固时间。

　　水泥浆在井中受地层水、油和天然气的作用，水泥处于液体状态的时间越长，被油、气、水侵害的可能性越大。所以水泥浆凝固时间应尽可能短。一般要求注水泥的总时间要小于初凝时间的 75%。一般用锥卡仪来测定凝固时间。

　　（4）失水性。

　　水泥浆中的自由水通过井壁渗入地层的现象称为失水。水泥浆的大量失水将造成注水泥悭泵，且在井壁形成水泥饼，甚至造成卡死套管、自由水堵塞油层等危害。因此固井

---

❶1cP=10⁻³Pa·s。

和封窜时应加入处理剂，降低失水量，保护油气层，防止发生注水泥事故。

262．凝固水泥的性能要求有哪些？

答：（1）凝固水泥的强度要求：

①承受套管压力，支撑和加强套管；

②抵抗修井过程中的冲击载荷；

③能承受酸化压裂等进攻性措施，水泥环不被破坏。

（2）封闭油、气、水层和管外窜通，要求水泥浆具有良好的流动性，在注水泥浆中途不会变稠凝固，注到预定位置以后，则要求尽快凝结硬化。

（3）用循环法封窜时，要求水泥浆具有良好的流动性、适当的触变性。流动性好，便于将水泥浆顺利替入窜槽；适当的粘度和触变性，可防止上提封隔器时因压差而产生的水泥浆倒流和下沉。

（4）用挤入法封窜时，要求水泥浆粘度小、流动性好、失水量低和适当的触变性，以利于水泥浆充满窜槽内岩块间的孔道。

（5）要求水泥浆凝固后具有较高的强度和良好的膨胀性能，以保证固井和封窜的质量。

263．水泥浆性能调节的添加剂有哪些？

答：目前国内常用的添加剂主要有缓凝剂、速凝剂、加重剂、减重剂、降失水剂、防漏剂、减阻剂等。

（1）缓凝剂。

常用的缓凝剂有硫酸铁、生石膏、酒石酸、铁铬盐、单宁酸钠、羧甲基纤维素等，对深井或地温梯度高的井，由于井下温度压力升高、水泥凝固时间缩短，需加入缓凝剂。加入 $0.5\% \sim 1\%$ 的硫酸铁，可使普通硅酸盐水泥在 $100\,^{\circ}\!C$ 下的初凝时间延长到 1.5h；加入 1% ～ 3% 的生石膏，缓凝效果也较好。

（2）速凝剂。

对于高压浅井及漏失井注水泥浆，需水泥加速凝固时，要加入速凝剂。常用的速凝剂有：氯化钙、氯化钠、水玻璃等。水泥中加入 1.0% ～ 1.5% 的氯化钙，可使凝固时间缩短一半，加入 1.6% ～ 2.2% 的氯化钙，则凝固期缩短为原来的 2/5；水泥中加入 2% ～ 3% 的水玻璃，凝固期可缩短 30% ～ 40%，如果加入量少于 2%，则有延长初凝时间的作用；在水泥中加入 1% ～ 3% 的氯化钠也可有效地加速水泥浆的凝固。

（3）加重剂。

有高压油气层时注水泥，需在水泥中加入加重剂。常用的加重剂有：重晶石、钛铁矿、赤铁矿、方铅矿等。其中，重晶石用得较为广泛。

（4）减重剂。

降低水泥浆密度的添加剂有：搬土、硅藻土和煤灰渣等。国外油井在低密度水泥浆中，采用减重剂的正常浓度范围可达水泥浆重量的 12%，但平均浓度是 4%。

（5）降失水剂。

常用的降失水剂有：搬土、羧甲基羟乙基纤维素、烷基磺酸钠、水解聚丙烯酰胺、水解聚丙烯腈等。

（6）防漏剂。

井下有低压漏失层时，应防止注水泥时井漏的发生，需加入防漏剂。常用的防漏剂有：锯末、碎木片、果仁壳、硬沥青、云母、玻璃纸碎片等。

（7）减阻剂。

为提高水泥浆流动性，减小流动阻力，提高注水泥质量，需加入减阻剂。常用的减阻剂有：铁铬盐、亚硫酸纸浆废液和羧甲基羟乙基纤维素等。

水泥浆中加入一定量的添加剂，会大大改善水泥浆的性能。在油井封窜时，用泥浆作母液配成胶质水泥浆的漏失量可大大缩小。水泥浆内加入石棉粉、石棉纤维配成纤维水泥浆，可增加水泥浆的黏度和触变性。在 20℃ 时加入 1% ~ 2% 的氯化钙于水泥中，不仅大大缩短了凝固时间，且凝固水泥的早期强度也可显著提高。

264. 国内特殊油井水泥有哪些？

答：目前对油井水泥性能有特殊要求的井，使用了特殊油井水泥，主要有高、低密度油井水泥、膨胀水泥和胶质水泥等。

（1）高密度水泥（加重水泥）。

钻高压井固井时，为提高固井质量，需提高水泥浆密度，在油井水泥中加入一定数量的重晶石、钛铁粉和方铅矿等制成高密度水泥。

（2）低密度水泥。

为满足低渗透性地层及低压油气层固井的需要，在油井水泥中加入硅藻土或煤渣灰等减重剂，制成了低密度水泥。

（3）冷井膨胀水泥。

石膏和矾土作为膨胀剂与普通油井水泥以一定比例配制而成冷井膨胀水泥。由于水泥中的水化铝酸钙和石膏作用生成硫铝酸钙的结晶体，其固相体积增加 2 倍多，外观体积膨胀。这种水泥含水化铝酸钙高，水化快、流动性差、抗硫能力低，加上硫铝酸钙在 70 ~ 100℃ 要分解，在 70℃ 左右强度降低，凝结时间很短，故冷井膨胀水泥一般只在井温 50℃

以下的井内使用。

（4）热井膨胀水泥。

以氧化镁作为膨胀剂，在水泥水化过程中生成氢氧化镁。由于氢氧化镁固体体积是氧化镁固体体积的 1.48 倍，因而使水泥石的外观体积膨胀。该种水泥适用的井温范围是 40 ～ 95℃。

265. 淡水水泥浆的配制及密度计算方法是什么？

答：（1）干水泥用量：

$$G = V \rho_1 \frac{\rho - 1}{\rho_1 - 1}$$

式中　G——所需干水泥的总重量，kg；

　　　V——所配水泥浆的体积，m³；

　　　ρ——所配水泥浆的相对密度，无量纲；

　　　ρ_1——干水泥相对密度，常用的干水泥的相对密度为 3.15。

（2）清水用量：

$$Q = V - \frac{G}{\rho_1}$$

式中　Q——清水用量，m³。

（3）水泥浆密度：

$$\rho = \frac{G + Q}{31.8 + Q}$$

266．饱和盐水水泥浆的配制及密度计算方法是什么？

答：（1）水泥浆密度：

$$\rho = \frac{G + 1.2Q}{31.8 + Q}$$

（2）饱和盐水用量：

$$Q = \frac{G(\rho_1 - \rho)}{\rho_1(\rho - 1.2)}$$

（3）水泥浆配制量：

$$V = \frac{61.9}{\rho - 1.2}$$

第六部分　试油中常见事故的
　　　　预防和处理

267．什么是井喷？井喷原因有哪些？

答：（1）井喷的定义：

地层流体（油、气或水）无控制地涌入井筒并喷出地面的现象。

（2）井喷的原因。

①压井液选择不当引起。

当压井液密度过低，使压井后井筒液柱对地层的压力低于地层本身的压力，或是压井过程中压井液被气侵，使进入井筒中的压井液密度降低。

②施工不当。

当压井液密度选择合适，且井已被压住，但起管时不坚持边起边灌压井液，也会使井筒液柱不断降低，而导致井喷。或上提管柱时，一些较大直径工具造成的一种抽汲现象，如胶皮处于膨胀状态下的封隔器在上提过程中产生的抽汲压井液带出井外，从而造成井喷。

③层间矛盾引起。

当油井处于多层开采、在各层压力系数相差较大时，压井后有的层会发生漏失、当发生漏失、液面降低到一定程度时，其他层位就会外吐造成井喷。

268．井喷造成的危害有哪些？

答：(1) 浪费和毁坏油气资源；

(2) 毁坏油井井身结构；

(3) 吞噬井口设备；

(4) 引起火灾事故；

(5) 造成人员伤亡；

(6) 污染环境。

269．井喷处理方法有哪些？

答：一旦发生井喷事故要立即组织人力抢救，抢救得越早越及时越好。

(1) 井筒内没有油管。

①要抢装总阀门，将井口和总阀门钢圈槽擦净后，钢圈放入井口钢圈槽，总阀门全部打开；

②打开全部套管阀门，以减少油气上冲力；

③装好总阀门后关闭井口，接好管线，强行挤压。

(2) 井筒有油管。

①立即抢装油管悬挂器，抢装悬挂器时应提前将套管阀门打开，以利于人员靠近；

②抢装好悬挂器后再抢装井口总阀门。

(3) 井喷后防火。

①井场应立即熄灭炉火，切断电源，撤出与抢救井喷无关的设备；

②通井机要视情况采取熄灭或撤出的对策；

③如果套管外已有大量油气喷出，要立即向井场外抢拖设备和管材；

④抢救井喷时应由有经验的技术人员统一指挥，根据井

喷情况配合以救护车、消防车等。

270. 预防井喷的方法有哪些？

答：预防井喷是井下作业中必须做到的工作，井喷有其自身的规律性，井下作业中完全能做到预防井喷、消灭井喷。预防井喷方法如下：

（1）选择密度适当、性能稳定的压井液压井，使压井后液柱压力略高于地层压力 1 ～ 1.5MPa。

（2）选用正确的压井方式。循环压井中水泥车应保持足够的排量，且应一气呵成。高压气井，压井前应用清水洗井脱气，当压井液进入管鞋部位时，出口阀门应进行控制，使进出口排量相一致。

（3）坚持边起管柱边灌压井液，起管时应始终保持液面在井口，起管不灌压井液，或起完管柱后再灌压井液，或起出相当一部分管柱后再灌压井液的做法，都可能造成井喷事故。

（4）作业井井口安装高压防喷器，一旦井喷立即关防喷器。

（5）提前做好抢装井口的准备工作。钢圈、井口螺栓、井口扳手、悬挂器、总阀门、手锤等应提前备好，放置在井口附近明显位置。井喷是有前兆的，井喷前，井口往往有逐步加大的油气味。井口先出现液体溢流，随后溢流加大形成井涌，井涌后则是井喷。只要提前有所准备，完全可以在井喷前将井口阀门坐好，使井喷不致发生。

271. 井漏的原因及危害有哪些？

答：（1）井漏的定义：压井液不断侵入地层，致使井筒液柱不断降低的现象。

（2）井漏的原因：井漏是由于地层压力低于液柱压力，

而地层又具有良好的渗透性所造成的。

（3）井漏造成的危害：

①污染地层，使地层的渗透性降低，改变地层的润湿性能，变亲油为亲水地层；

②加大压井液的用量，增加施工成本及施工难度，容易造成卡钻事故。

272．井漏处理方法有哪些？

答：（1）降低压井液密度：漏失严重的井，其地层压力一般低于静水柱压力，压井液宜选择清水，有时候也可以选择原油。

（2）增加压井液的粘度：在清水中加入适量的羧甲基纤维素可有效地提高压井液的粘度，羧甲基纤维素加入量一般为清水质量的 0.5% ～ 1.5%。

（3）冲砂洗井时采用混气水泡沫液冲砂，可有效地降低压井液密度。

273．什么是砂卡？其类型有哪些？

答：在油水井生产或作业中，由地层砂或工程用砂埋住部分管柱，使管柱不能提出井口的现象。砂卡的特征一般为管柱用正常悬重提不动、放不下、转不动。

砂卡的类型有：光油管卡、井下工具卡、抽油杆卡。

274．造成砂卡的原因有哪些？

答：（1）油井生产过程中，油层砂子随着油流进入套管，逐渐沉淀而使砂面上升，埋住封隔器或一部分油管；在注水过程中由于压力不平稳，或停注过程中的"倒流"现象，使砂子进入套管，造成砂卡；

（2）冲砂时泵的排量不足，使液体上返速度过小，不足以将砂子带到地面上，倒罐或接单根时，砂子下沉造成砂卡；

（3）压裂时油管下得过深，含砂比过大，排量过小，压裂后放压过猛等，均能造成砂卡；

（4）其他原因，如填砂、注水井喷水降压时喷速过大等，也能造成砂卡。

275. 砂卡处理方法有哪些？

答：（1）活动管柱解卡。

当井下管柱或工具遇卡时间不长，或遇卡不严重时，根据井架及设备允许负荷条件，对管柱进行大力提拉活动卡具，或快速下放冲击，当上提负荷大于砂子在环形空间的摩擦阻力时，油管开始上移使卡点脱开（井底有口袋才行）的方法。

此法适合于砂埋尾管较少或工具轻微砂卡的井。采用此法要注意管柱负荷、井架及设备能力，不能盲目乱干。施工前，应全面检查井架、设备、绷绳、滑轮等各部分的安全情况等，将各部分不安全因素排除之后，方可施工。同时要在井口部位的管柱上作出记号，以便在每次上提中进行对比。

（2）套冲倒扣法解卡。

当活动解卡无效时，可用套冲倒扣的方法。即先在油管与套管环形空间下入适当口径的管子，这根管子称为套冲管。当洗井液通过套冲管底部时，环形空间的砂子即被冲起，缓慢下放套冲管，环空砂面即不断降低。冲起的砂子被洗井液携带出井，这样套冲到的油管即可被解除砂埋。随后下反扣钻杆带打捞工具将被解除砂埋的油管倒出。用套冲与倒扣反复交替进行的办法，即可将处于砂卡状态的全部油管提出井口。

（3）震击解卡。

在打捞工具的上部接一个开式上击器，捞住落鱼后上提。这时开式上击器会在瞬间产生一个很大的向上冲击力，它对解除砂卡较有效。

（4）憋压法解卡。

对油管施加一定上提负荷的同时，在油管内注入洗井液并憋起相当高的压力。这时洗井液可通过管鞋冲开尾管部位环空砂子，使砂卡得到解除。该法一般适用于光油管底部轻微砂卡的井。憋压时应注意安全，管线连接部分的螺纹、活接头应上紧，操作人员要在安全地带，以防管柱断脱伤人。

（5）内冲管解卡。

在油管内下入小直径的内冲管或软油管至尾管底部，开泵后，逐渐下放小冲管，在油管内形成循环，此时尾管底部的砂面会不断降低，而尾管外环空的砂子会不断下落，从而达到解卡的目的。冲管直径的选择与油管内径及冲管自身的拉力强度有关。浅井可下同一直径的冲管，而在中深井中，根据计算，可选择复合冲管或同一直径上部用拉力大的高强度冲管，以保证冲砂中冲管不断。而且最下面的冲管要有切口，用于捣松砂堵、防止憋泵。此法适用于尾管砂卡。

施工时当冲管下至距砂面 5 ～ 10m 处时，即开泵冲洗，排量一般为 12 ～ 15m³/h，井口压力不超过 0.04MPa。冲管冲出油管鞋 4 ～ 5m 后停止加深。应做长时间的冲洗，使油管外围的砂堵慢慢掉下来而被冲出地面。这样可避免冲管加深后砂子突然塌下而卡住或挤断冲管。

（6）诱喷法解卡。

当地层压力较高时，可依靠地层压力引起套管井喷，使部分砂子随油流带到地面而解卡。利用此法时，井口控制器必须灵活、好用，以防造成无控制井喷事故。

276．解卡施工的准备工作有哪些？

答：（1）选好工具、用具及设备：准备好起下作业提升设备 1 套及井口专用工具及冲砂管柱。

（2）井筒准备：

①检查拉力计或指重表灵敏度，检查通井机或修井机离合器、刹车，保证运转良好，检查提升大绳和井架绷绳完好情况；

②准备井筒容积 1.5 倍的压井液或洗井清水；

③接好洗压井循环管线；

④如果油管能建立循环则正压井，否则反压或挤压井；

⑤卸掉套管四通以上的采油树，并松开油管挂顶丝。

277．活动管柱解卡施工如何进行？

答：（1）用 900mm 管钳将提升短节连接在油管挂上；

（2）扣上并挂好吊环，缓慢上提油管挂，当油管接箍提出四通法兰面 30cm 时，停止上提；

（3）将吊卡扣在提出来的油管接箍下部油管接箍本体上，下放油管柱，将油管接箍坐在吊卡上；

（4）用 900mm 管钳卸下油管挂，将挂在吊环上的吊卡扣在油管桥上准备好的油管上，用细麻绳将吊卡销子及吊卡活门绑死（避免上提下放油管时将吊卡活门震开）；

（5）装好井口自封封井器；

（6）接好单根，缓慢上提油管，当负荷接近井架及油管允许的安全负荷时，停提油管 3～5s，然后迅速下放油管；重复上述上提下放操作，每次上下活动 5～10min，停止一段时间，使油管及设备缓解一下疲劳；如此反复进行解卡或确认活动解卡无效后，再采取其他措施；

（7）解卡后洗压井进行施工。

278．憋压循环解卡（砂桥卡）施工如何进行？

答：（1）接反循环管线；

（2）打开套管阀门，开泵反打压（按施工设计要求打压），当压力升至预定压力时，关进口套管阀门，观察出口溢流；

（3）停泵 1 ～ 2min 后迅速放压，造成井内砂子震动，如此重复上述操作，直到憋通；

（4）憋通后，迅速开泵大排量反洗井，将井内砂子全部洗出井筒；

（5）起出井内管柱，进行下步施工。

279．预防砂卡的方法有哪些？

答：（1）对出砂较严重的生产井，要尽早采取防砂措施，或及时进行冲砂处理，防止砂卡；

（2）冲砂时水泥车要保持足够的排量，以保证将砂子带出地面；

（3）压裂时严格按施工要求进行，避免油管下得过深、含砂比过大、排量过小及压裂后放压过猛等；

（4）填砂时尾管深度应距预计砂面有足够长的距离，填砂后立即活动管柱至砂子全部沉淀；不得使用铁锹或水桶在油管与套管环形空间进行倒入法填砂，注意填砂量的确定；

（5）生产管柱各部深度下入要适当，油井中尾管下入深度应在油层以上 30m，管柱中如有封隔器，处在油层底部的封隔器要尽量接近油层底界；

（6）打捞作业中冲洗鱼顶要彻底，应将鱼顶上部砂子全部冲出井筒方可进行打捞；采用套冲管冲砂排量要大，下放速度要慢，套完一根后，洗井要充分，出口无砂后方可起钻；

（7）注水井喷水降压时，防止喷水降压过猛，特别是套管放压；

（8）探砂面时，加压要控制在 15kN 以内；

（9）接单根前要充分洗井，倒罐或换单根速度要快，防止砂子下沉造成砂卡，接好单根立即开泵，冲至井底后彻底洗井，出口无砂时再上提管柱。

280. 什么是卡钻？其类型有哪些？

答：（1）卡钻的定义：

卡钻指油水井在生产中，由于操作不当或某种原因使井下管柱或井下工具在井下被卡，上提管柱时井筒对管柱的摩擦阻力明显大于正常摩擦阻力，大钩用正常负荷不能将管柱提出井口的现象。

由于卡钻事故，会使油水井的生产不能正常进行，严重时还会使油水井报废，给油田的生产和经济造成重大的损失。

（2）卡钻类型：

①油水井生产过程中造成的油管或井下工具被卡，如蜡卡等；

②井下作业不当造成的卡钻，如落物卡、水泥（凝固）卡、套管卡等；

③井下下入工具设计不当或制造质量差造成的卡钻，如封隔器不能正常解封造成的卡钻。

281. 水泥卡钻事故的原因有哪些？

答：（1）打完水泥塞后，没有及时上提油管至预定水泥塞面以上，进行反冲洗或冲洗不干净，致使油管与套管环隙多余水泥浆凝固而卡钻；

（2）憋压法挤水泥时没有检查上部套管的破损，使水泥

浆上行至套管破损位置返出,造成卡钻;

(3)挤注水泥时间过长或促凝剂用量过大,使水泥浆在施工过程中凝固而卡钻;

(4)井下温度过高,对水泥浆又未加处理,或井下遇到高压盐水层,使水泥浆性能变坏,以致早期凝固;

(5)打水泥浆时由于计算错误或发生其他故障造成油管或封隔器凝固在井中。

282.落物卡钻事故的原因有哪些?

答:由于员工责任心不强,从井口掉入小的物件,如钳牙、卡瓦、井口螺栓、撬杠、扳手等,将井下工具(封隔器、套铣筒等)卡住。

283.套管卡钻事故的原因有哪些?

答:(1)对井下情况掌握不准,误将工具下过套管破损处,造成卡钻;

(2)构造运动、泥页岩蠕变、井壁坍塌等造成套管损坏,致使井下工具出不来;

(3)采取井下作业施工时,将套管损坏,卡住井下工具。

284.封隔器卡瓦卡钻事故的原因有哪些?

答:(1)卡瓦式封隔器的卡瓦是弹簧控制收笼的。弹簧是比较容易损坏的部件,如弹簧断掉,卡瓦失去控制。起封隔器时,张开的卡瓦刮在套管接箍或射孔井段上,可能造成卡钻。

(2)封隔器胶皮破裂,在上提时,胶皮落到卡瓦的张开处,而使卡瓦一直处于张开的状态,卡瓦便死死地卡在套管上而得不到释放,造成卡钻。

285．封隔器卡钻如何进行解卡施工?

答:(1)封隔器卡瓦卡钻。

用大力上提解卡和正转法。具体做法是在钻具设备允许范围内进行大力上提和下放,必要时可将封隔器卡瓦拉断,然后把余下的部分打捞出来,实现解卡。若活动法不行,则把封隔器以上的油管倒出来,再下钻杆带公锥打捞,然后正转钻具上提解卡。

还可用震击器震击解卡。具体做法是把封隔器以上的油管倒出,用钻杆下带震击器、加速器、安全接头、打捞工具的组合钻具,打捞封隔器,捞到后使用震击器解卡。

(2)封隔器胶皮上卡。

用长期悬吊法解卡,即利用胶皮受力后的蠕变性能,在井口给管柱一合适拉力,使卡点处胶皮受拉,在较长的时间内产生蠕变,从而逐步解卡。

施工中应经常观察指重表上悬重的变化,如悬重缓慢下降说明胶皮正在蠕变,应继续补充压力,迫使蠕动继续,直到解卡。观察指重表变化时要记录真实变化数值,必须排除指重表等因漏失而产生的假象,可以在井口作出方入标志,如指重表下降,方入有所减少,则说明蠕动在进行,可继续提高拉力。反之,两者不统一,说明是指重表管线漏失下降的假象,应具体分析后,方可进行施工作业。

286．水泥卡钻如何进行解卡施工?

答:(1)能开泵循环的井解卡。

用浓度为15%的盐酸进行循环,破坏水泥环进行解卡。注意解卡后立即用清水洗井,以减少对套管的酸腐蚀。

(2)憋泵开不了泵的井解卡。

①倒扣套铣法。

先将油管倒至被卡的水泥面，用套铣筒铣去油、套管环形空间的水泥环，用"套一根、倒一根"的方法，将被卡管柱起出。

②磨铣法。

当套管内径小或被卡管柱直径较小，管柱靠在套管一边又被硬物挤得很死，或鱼顶严重损坏需要修复时，可用磨鞋将被卡管柱连同水泥环磨掉。施工时，首先将水泥面以上油管设法取出，然后用平底磨鞋或凹底磨鞋磨去管柱和水泥环。

287．落物卡钻如何进行解卡施工？

答：(1) 若被卡管柱可转动，可以轻提慢转管柱，有可能挤碎或者拨落落物，使井下管柱解卡。

(2) 若"轻提慢转"处理不了，或者管柱转不动，可用壁钩拨正捞出落物以达到解卡的目的。

(3) 喷钻法：若油管偏靠套管壁又被卡住时，用套铣筒套铣就有困难，可采用喷钻法以达到解卡的目的。喷射器采用两根 $3/4$in 的无缝钢管，其长度稍长于或等于被卡油管长，下部各接一朝下的喷嘴，两根管子用电焊并排连接（避免落入鱼腔内）。下钻时，距鱼顶 3～5m 处应放慢速度，遇到鱼顶应上提转动从环形空间放入，探明水泥面后上提 1m 开泵循环，正常后加砂喷钻，再套铣倒扣捞出落物。

(4) 套铣解卡：对硬卡部位下一个带套铣鞋的套铣筒，通过转盘的旋转，磨掉硬物。该法适用于小件落物卡和套管变形卡。

288．套管卡钻如何进行解卡施工？

答：套管卡钻通常分为变形卡、破裂卡、错断卡。不论处理哪种形式的卡钻，都要将卡点以上的管柱取出、修好，解除卡钻。

289．震击解卡施工的原理是什么？

答：震击解卡适用于多种情况，原理是在卡点附近造成一定频率的震击，帮助被卡管柱和工具解卡。常用震击器类工具有上击器、下击器、加速器等。上击器接在安全接头下面，采用液压工作原理实现上击。上击器操作开始时，应先小范围活动钻具，以检验震击器工作情况。下击器与上击器相反，产生下击作用。下击器接在钻具下部、安全接头之上。下击器常在处理键槽卡钻或上提遇阻卡钻时使用效果较好。使用下击器时，先上提钻杆，使下击器的壳体向上移动，再突然把它们下放，使下击器的壳体击到下面的接头，产生震击力把受卡部分震松。

290．简述震击解卡的操作步骤。

答：（1）上击器操作步骤：

①下放钻具到指重表读数小于正常下放悬重 10tf 左右，使上击器关闭。震击器关闭时指重表指针会出现一段静止或回摆，说明上击器已经闭合。

②上提钻具，一般比正常上提钻具的悬重多提 20～30tf，刹住刹把，观察上击器震击瞬间指重表指针摆动，钻台上可感到震动。

③确定上击器能正常工作后，重复以上两步动作，使震击器反复震击，并根据井下情况产生更大的震击力，直到解除事故。在需要长时间震击时，应每连续震击 30min，停止震击 10min，使震击器中液压油冷却。

（2）下击器操作步骤：

（1）一般下击器在井下总是处于"打开"状态。需下击时，司钻下放钻具，除去摩擦阻力外，压在下击器的钻压要大于事先调节的震击吨位，然后刹住刹把，观察下击器工作情况，下击器震开瞬间，指重表的指针摆动，井口可感到震动。

（2）需要再次下击时，先要使下击器重新打开。即上提钻具，直到指重表上显示下击器已打开，下击器直接连接在下部组合的顶部，通过过渡接头，与加重杆相连。在大直径井眼的塔式钻具中，震击器上部有时也加有几根直径小于震击器外径的钻铤。

291．简述震击解卡的注意事项。

答：（1）在定向井中由于上提、下放钻具存在摩擦阻力，上提震击和下放关闭时应取掉这部分阻力，确定正确的提放吨数；

（2）正常钻进的钻具中，随钻震击器所处位置，应在钻具的中和点以上，使震击器处于拉伸状态，以保持随钻震击器在钻进时处于正常状态；

（3）定向井中，加有相当数量的加重钻杆代替部分钻铤，一般把随钻震击器直接加在加重杆以下，防止震击器以上钻具遇卡；

（4）打捞钻具时考虑震击器位置，震击器要尽量靠近鱼顶，震击器上部应有足够重量的钻铤。

292．如何预防水泥卡钻？

答：（1）打完水泥塞后要及时、准确上提油管至水泥塞面以上，确保冲洗干净；

（2）憋压挤水泥前，一定要检查套管是否完好；

（3）挤注水泥时要确保水泥浆在规定时间内尽快挤入，促凝剂的用量一定要适当；

（4）井下温度较高，或可能遇到高压盐水层时，一定要确保注水泥过程中不发生其他事故；万一发生其他事故，而又不能及时处理时，要立即上提油管，防止油管被固住。

293. 如何预防落物卡钻？

答：加强工作人员的责任心，严格执行交接班制度，起下油管或钻杆时所用工具、部件要详细检查，并做好记录。对有损坏的工具要及时修复或更换，井口要装防掉板。油管起完后，坐上井口或盖上帆布。

294. 如何预防套管卡钻？

答：(1) 测井或分层作业前，要用通径规通井；

(2) 起下钻时，如有卡钻或遇阻现象，要下铅模打印探明情况，必要时对可疑点进行侧面打印；

(3) 如套管有损坏，必须将其修好后，方可再进行其他作业。

295. 什么是卡点？测定卡点深度的作用是什么？

答：卡点是指被卡物体最上部的深度。卡点的测定就是对这一点深度的测定。

测定卡点深度的作用有：

(1) 确定倒扣悬重。

在正常情况下被卡管柱在旋转中被倒开，总是在既不受管柱自身拉力，又不受管柱自身压力的位置（中和点）。被确定的卡点，就是在倒扣中被认定的中和点，可对管柱上提适当悬重，准确地将其在卡点位置倒开，从而减少下钻打捞次数。

(2) 确定管柱切割准确位置。

切割时保证在卡点上部 1～2mm 处用切割器聚能切割或化学切割等方式将管柱切断。

（3）了解套管损坏的准确位置。

由于套管变形引起的管柱卡，当卡点位置确定后，套管变形位置就确定了。这样不但能尽快处理被卡管柱，也能尽快转入对套管损坏位置的修复。

（4）确定管柱被卡类型。

确定卡点深度便于认定管柱被卡类型。管柱上部卡一般为套管变形或小件落物所致。如果油层为高凝油层，应考虑到稠油卡；尾管部位或封隔器部位卡，一般为砂卡。确定管柱被卡的类型，有利于对事故的处理。

296．直接测试确定卡点的原理是什么？

答：利用原井下管柱测定其受上提拉力时的伸长量，来计算卡点位置。测卡时上提钻具，使其上提力比卡钻前的悬重多几吨，记下这时的拉力 F_1，并在方钻杆沿转盘平面作记号 L_1。然后再用较大的力上提（一般增大 $10 \sim 20tf$），同样记下拉力 F_2，方钻杆上的记号 L_2。两次上提力之差（F_1-F_2）是上提拉力，两次上提时在方钻杆上的记号（L_1、L_2）之间的距离就是钻杆的伸长量 ΔL。为了准确计算，可用不同大小的拉力多提几次，量出几个伸长量，然后取拉力和伸长量的平均值进行计算，求出卡点位置，计算公式如下：

$$L=K \cdot \Delta L$$

式中，K——可查表 6-1 得到。

表 6-1　卡点计算系数表

管类	直径，in	壁厚，mm	K
钻杆	$2^7/_8$	9	380
	$3^1/_2$	9	475

续表

管类	直径, in	壁厚, mm	K
钻杆	$3^{1}/_{2}$	11	565
油管	2	5	182
	$2^{1}/_{2}$	5.5	245
	3	6.5	375

297. 测卡仪主要由哪些部件组成？

答：测卡仪如图 6—1 所示，主要由以下部件组成：

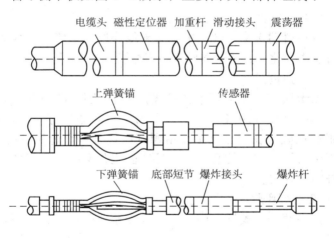

图 6—1　测卡仪

（1）电缆头。

连接电缆和磁定位仪的部件，中间有导线与仪器连接形成一闭合电路。

（2）磁性定位器。

与测卡仪配套使用的是小直径磁性定位器，接在电缆头的下面。

（3）加重杆。

测卡仪的加重杆是空心的，中间有导线，可与仪器接通电路。每根加重杆长 2m，重约 16kg。测卡时通常接 3 根，最多不能超过 5 根。

（4）滑动接头。

内腔有呈双层螺旋弹簧的导线，内层导线接壳体，外层导线接芯子，将滑动接头与磁定位器及传感器连接后即接通电路。

（5）震荡器。

接在滑动接头下部，中间有导线连通。当传感器线圈电感量发生变化时，震荡器频率也发生变化。

（6）弹簧锚。

测卡仪有上、下两个弹簧锚，其中间距离是 1.32m。每个弹簧锚是由 4 组弹簧沿圆周均匀分布，每组有两片弹簧，且用螺钉固定在定位器上。用螺旋压簧来调节弹簧的外径，并用中心杆上的定位套与定位环来固定弹簧的外径尺寸，中心杆内有导线。

（7）传感器。

接在两个弹簧锚之间，当钻柱受拉或受扭时，传感器电阻发生变化。

（8）底部短节。

接在弹簧支撑体下面。

（9）爆炸接头。

接在测卡仪的最下部，其下面是爆炸杆，爆炸杆上有导爆索，找准卡点后，通 400V 高压，低电流引爆倒扣。

298．测卡仪的技术参数有哪些？

答：测卡仪的技术参数如表6—2所示。

表6—2　测卡仪与爆炸松扣装置的主要技术参数

外径	可测范围	精度	可用井温	可耐压力	可测井深
50～114mm 油管	73～168mm 钻杆	0.01mm/1.5m	150℃	45MPa	3500m
166～203mm 钻铤	114～245mm 套管				

290．简述测卡仪的工作原理。

答：当管材在其弹性极限范围内受拉或受扭矩时，应变与受力或力矩呈一定的线性关系。被卡管柱在卡点以上部分受力时，应变符合上述关系，而卡点以下因力或力矩传不到而无应变，因此卡点位于无应变到有应变的显著变化部位。测卡仪能精确地测出 2.54×10^{-3} mm 的应变值，二次仪表能准确地接收、放大且明显地显示在仪表盘上，从而测出卡点位置。

300．简述测卡仪使用方法。

答：（1）调试地面仪表：

先将调试装置与地面仪表连接好，再根据被卡管柱的规范，将调试装置上伸应变表调到适当的读数后（应超过预施加给被卡管柱的最大提升力所产生的伸长应变），把地面仪表的读数调到100，然后把指针拨转归零。同法调试地面仪的扭矩，以保证测卡时既不损伤被卡管柱，又能准确测出正确的数据。

（2）测卡操作。

先用试提管柱等方法估计被卡管柱卡点的大致位置，进而确定卡点以上管柱重量，并根据管柱的类型、规范确定上提管柱的附加力。将测卡仪下到预计卡点以上某一位置，然后自上而下逐点分别测拉伸与扭矩应变，一般测 5 ～ 7 点即可找到卡点，测试时先测拉伸应变，再测扭转应变。

测拉伸应变，先松电缆使测卡仪滑动接头收缩一半，此时仪器处于自由状态，将表盘读数调整归零，再用确定的上提管柱拉力提管柱，观察仪表读数，并做好记录。

测扭转应变，根据管柱的规范确定应施加于被卡管柱旋转圈数（一般 300m 的自由管柱转四分之三圈，管径大、壁厚的转的圈数少些）。先松电缆，使测卡仪处于自由状态，然后将地面仪器调整归零，再按已确定的旋转圈数缓慢平稳的转动管柱，观察转动每圈时地面仪表读数的变化，直至转完，记下读数值。然后控制管柱缓慢退回（倒转），观察仪表读数的变化，了解井中情况，这样逐点测试，直到找准卡点为止。

301. 使用测卡仪要注意什么问题？

答：(1) 被测管柱的内壁一定要干净，不得有泥饼、硬蜡等，以免影响测试精度；

(2) 测卡仪的弹簧外径必须合适，以保证仪器正常工作；

(3) 所用加重杆的重量要适当，要求既能保证仪器顺利起下，又能保证仪器处于自由状态，以利于顺利测试。

302. 简述爆炸松扣解卡施工过程。

答：所选择的炸药、导火索、药量必须适当，药量过大会损坏甚至炸裂钻具，过小可能松不开扣，用药量根据实践而定。

（1）测卡后，先将管柱上紧，将测卡仪的爆炸杆对正卡点以上管柱的第一个接箍处；

　　（2）按 330m 转动四分之三圈的经验数据反向旋转管柱（大直径的钻杆或套管，一般每 320m 转二分之一圈，卡点距地面较近时，转的圈数减少一点）；

　　（3）用高压电（440V）、低电流（1.5A）的直流电源引爆，倒扣解卡；

　　（4）从仪器上看出断路、扭矩表读数值下降、井口钻具及卡瓦震动；

　　（5）点火后立即上提测卡仪约 30m，静止 5～10min 后，再起仪器，防止仪器、加重杆外壳快速冷却淬火折断，卡住或切断仪器；先慢速活动上提，待摩擦阻力正常后，再逐渐提高速度。

303．简述倒扣解卡施工过程。

　　答：找出卡点准确位置，进行倒扣作业。如果落鱼顶部被砂所埋，应先进行冲砂作业，将砂清除之后，再进行倒扣。常用倒扣工具有反扣钻杆配合相应的反扣打捞工具（如公母锥、打捞矛、安全接头等）。选好倒扣操作所需要的工具、用具及设备后按下述步骤操作：

　　（1）根据套管内径选择倒扣器；

　　（2）根据井下落物情况，配好倒扣管柱（自下而上）为：

　　打捞工具＋倒扣安全接头＋倒扣下击器＋倒扣器＋正扣钻杆；

　　（3）将倒扣管柱下至鱼顶深度以上 2m，记下拉力表悬重；

　　（4）接正循环冲洗管线，开泵洗井，同时下放管柱，并缓慢反转倒扣管柱入鱼头，待拉力表负荷下降 10 ~ 20kN 时，停止下放，水泥车停泵，在井口记下第一个记号；

（5）上提倒扣管柱，当拉力表悬重大于入鱼前悬重 20 ~ 30kN 时，停止上提，记下第二个记号（此时抓住落鱼，拉开下击器）；

（6）继续增加上提负荷，其大小视倒扣器管柱长度而定，但不得超过说明书规定的负荷；

（7）在保持上提负荷的前提下，慢慢正转倒扣器管柱（使翼板锚定）；

（8）继续正转管柱倒扣，当发现倒扣管柱转速加快，扭矩减小，说明倒扣作业完成；

（9）反转倒扣管柱（锚定翼板收拢）；

（10）起出倒扣管柱。

304．简述倒扣解卡施工过程注意事项。

答：（1）倒扣前，必须开泵洗井，循环洗井正常后方可进行倒扣作业；

（2）下倒扣管柱时，不准转动倒扣管柱，一旦因管柱转动使倒扣器锚定在套管内时，应反转管柱解除锚定；

（3）倒扣作业所用的拉力表必须灵敏准确；

（4）操作人员要穿戴好劳保用品。

305．切割解卡方法什么时候用？常用的切割工具有哪些？

答：对被卡的管类落物或需要修理的套管，用其他方法难以处理时，常采用切割法处理，所用切割工具有机械式、聚能式和化学喷射式几类。

306．简述聚能割刀的组成和原理。

答：由聚能器和定位器组成，其上为加重杆，采用直径为 10mm 单芯电缆。当火药引爆后，在高温高压作用下，高压气流喷出，将管子割断。其割下的油管口外径比原外径大 2mm，当油管质量不好时，尽量不采用此割刀。

307．简述化学喷射割刀的组成和原理。

答：由绳帽、磁定位器、加重杆、燃烧室、活塞、卡瓦机构、惰性气体室、液气室及喷射头组成。原理同聚能割刀的原理，但介质不是炸药而是利用高温高压下喷出的氢氟酸液体进行割管，其切割的管柱口整齐光滑，割口外径较原管外径大 1.6mm，对下一步打捞作业影响很小。

308．简述机械割刀的组成和原理。

答：（1）机械内割刀。

从管子内孔任何部位进行井下切割的切割工具，可在落鱼管柱任意部位进行切割。优点是可在井下任意更换切割位置，能自由脱卡，操作方便可靠。

原理是钻具正转后，滑块牙单向锯齿形螺纹扶正壳体与心轴相对运动，使卡瓦沿锥体上行，外径增大与被割管子内壁咬合，将割刀与刀枕斜面相接触，刀子向外推出与被割管子相接触，依靠主弹簧施以进刀压力，如果转动钻具，刀片即可在此位置将被切割管子切断，完成切割任务。

钻具组合为：

①鱼顶在井口时，找箍器 + 内割刀 + 下击器 + 钻杆；

②鱼顶在井下时，找箍器 + 内割刀 + 下击器 + 小钻杆 + 打捞矛 + 扶正器 + 钻杆。

钻压：0.5t。

转速：20 ～ 40r/min。

排量：停泵切割，或小排量切割。

（2）机械外割刀。

依靠引鞋引入落鱼之后，上提钻具使其与落鱼接实，后再转动转盘，推出割刀将落鱼割断。为防止外割刀套入鱼顶之后碰断刀片，设计了刀片扶正弹簧，改进了"承转轴承"，增加了卡簧定位的安全性。

钻具配合：外割刀 + 套铣管 + 钻杆。

钻压：提断剪切销钉后无需加压，由主弹簧自动给压。

转速：20 ~ 40r/min。

排量：停泵切割，或小排量切割。

309. 简述套铣筒套铣的操作步骤。

答：（1）下套铣筒：

①卸去井口采油树；

②下入 10 根钻杆后，装上自封封井器；

③套铣管下至鱼顶以上 5m 处，停止下放钻柱。

（2）套铣：

①接正冲洗管线，开泵循环，同时旋转钻柱，套铣时所加钻压不超过 30kN，排量大于 400L/min，中途不得停泵；

②套铣至设计深度后，充分洗井循环两周以上，冲出井内落物残渣。

310. 简述套铣筒套铣操作的注意事项。

答：（1）套铣筒直径大，与套管之间的间隙小、长度大，在井下容易形成卡钻事故，故在操作中应注意使工具保持运动状态；

（2）停泵后必须立即上提钻具，还应经常使钻具旋转并上下活动，直至恢复循环；

（3）其他套铣解卡施工中应注意的问题与磨铣作业时的注意事项相同；

（4）操作人员要穿戴好劳保用品。

311．简述套铣筒套铣操作的质量要求。

答：(1) 套铣加压不准超过 30kN，拉力计要灵活准确；

(2) 在套铣深度以上有严重出砂层位，必须处理后再套铣；

(3) 套铣施工过程中，每套铣完 1 根油管或钻杆后都要充分洗井，洗井时间不少于 5min。

312．简述磨鞋磨铣的操作步骤。

答：(1) 下磨鞋：

①将磨鞋连接在下井第 1 根钻杆的底部，然后下入井内；

②下 10 根钻杆后，装上自封封井器；

③磨鞋下至鱼顶以上 5m 处，停止下放钻柱。

(2) 磨铣：

①接正冲洗管线，开泵循环洗井，待排量及压力稳定后，缓慢下放钻杆，旋转钻具；

②磨鞋下至设计深度后，充分循环洗井两周以上，冲出井内落物残渣；

③起出磨鞋管柱，结束磨铣工作。

313．简述磨鞋磨铣的注意事项。

答：(1) 对磨屑进行辨认，如发现磨屑成细末状，可能是排量过小、磨屑重复研磨所致，可加大排量。如排量不可能加大，考虑增加携砂液的携带能力，如确认排量与携砂液性能没有关系，则可能是磨鞋过度磨损，需要更换。

(2) 使用平底、凹底、领眼磨鞋磨铣落鱼时，可选用较大钻压；使用锥形、柱形、套铣和裙边磨鞋时，由于工作接触部分受力面积小，不能采用较高钻压，以免使工具损坏。

(3) 一般应选用较高的磨铣速度（100r/min 左右）。具体操作时应根据钻压、钻具、设备和工具等因素而定。

（4）对井下不稳定落鱼磨铣时，若发现磨铣速度变慢，应上提钻具顿钻，将落鱼顿至井底，处于暂时稳定状态后再进行磨铣。

（5）钻具出现憋跳时，一般通过降低转速、减小钻压即可消除。如出现周期性突变，应上提钻具加大排量，轻压快转直到消除为止。

（6）如通过判断，确认落鱼上有胶皮，可降低泵压或停泵反复顿钻，把胶皮捣成碎块。如果无效，则起出钻具，先行打捞胶皮。

（7）磨铣时由于磨鞋在旋转中，头部既旋转又摆动，为保护套管，应事先在磨鞋上加接一定长度的钻铤，或在钻杆上加装扶正器，以保证磨鞋平稳工作。

（8）磨铣时不能与震击器配合使用，因为配合后不能施行顿钻和冲顿落物碎块。

（9）洗井液上返速度不低于 36m³/h，否则用沉砂管或捞砂筒等辅助措施，防止磨屑卡钻。

（10）用泥浆等磨铣时，洗井液粘度不低于 25Pa·s，若用清水、盐水磨铣时用双泵工作。

314. 简述磨鞋磨铣的质量要求。

答：（1）磨鞋加压不准超过 40kN，排量大于 400L/min，中途不得停泵，拉力计要灵活准确；

（2）在磨铣深度以上有严重出砂层位，必须处理后再磨铣；

（3）磨铣时，每磨铣完 1 根油管或钻杆后，要充分洗井，洗井时间不少于 5min；

（4）磨鞋在下井之前，应将磨鞋侧面的毛刺剔除，保证其侧面上无硬质物。

315．什么是井下落物？分哪些类型？

答：凡由井口掉入或从管柱、测井装置上脱落于井内的金属和其他有形物件通称井下落物。

井下落物分为：

（1）管类落物，如油管、钻杆、封隔器、工具等；

（2）杆类落物，如断脱的抽油杆、测试仪器、抽汲加重杆等；

（3）绳类落物，如录井钢丝、电缆等；

（4）小件落物，如铅锤、刮蜡片、取样器、阀球、牙轮等。

316．井下落物的危害有哪些？

答：（1）缩短沉砂口袋，使油井免修期缩短；

（2）堵塞油层，直接影响油井正常生产；

（3）造成卡管柱事故；

（4）妨碍增产措施的进行；

（5）迫使油井侧钻或做报废处理。

317．井下落物的处理方法有哪些？

答：原物取出是下各种打捞工具将落物整体或分段捞出。在下打捞工具可以奏效的情况下，尽可能采取打捞法，需选择适合的打捞工具。

按照工程处理难易程度分为简单打捞和复杂打捞两种。

（1）简单打捞。

凡掉入井内的管类、封隔器和绳类等，没有卡钻遇阻等复杂情况，不需用转盘倒扣、套铣、磨铣等作业。如掉入井内的铅锤、压力计、钢丝和钢丝绳，或修井工具、管类、绳类掉入井中，或钻具（管柱）、封隔器被卡断落在井内，用简单提拉、震击解卡可以解除的故障，均属于简单打捞。

（2）复杂打捞。

凡掉入井内或卡在井内的管类、封隔器和绳类等，需使用倒扣、套铣、钻磨及爆炸措施处理才能恢复正常生产的作业过程。

（3）磨铣（井内消灭）。

井内消灭指下磨铣工具把落物磨铣掉，与解卡施工中的磨铣相同。

318. 井下落物的预防方法有哪些？

答：（1）掌握套管完好情况，对套管完好情况不掌握的井，在下入完井管柱或修井管柱前，应先行对套管通径或打印，避免盲目下入大直径工具发生卡钻而造成井下落物；

（2）完井管柱尾管和封隔器深度要适当，尽可能减少因砂卡造成的井下落物；

（3）下井工具应完好，避免因工具损坏和部件散落而造成井下落物；

（4）下井管柱各部应上紧，避免因管柱松脱造成的井下落物；

（5）起下作业中，井口应装自封封井器，井内无钻具时，应将井口加盖或密封；井口操作台上不得摆放与起下作业无关的小物件，避免因操作不慎造成小物件落井；

（6）测井、放炮等施工作业中操作手应精力集中，控制好仪器、工具的下放和上提速度，避免因遇阻遇卡造成仪器、工具落井和输送绳缆落井的事故；

（7）下井工具、钻具必须严格检查，并测绘草图留查，对不合格或有疑问的工具、钻具严禁下井；

（8）严格按照操作规程施工，情况不明时切忌施工；

（9）注意施工过程中的情况变化，及时总结、分析，及时调整施工方案，以免造成事故；

（10）井口操作时，使用的工具、用具应清理记录，施工后要逐一检查，发现丢失的工具、用具应特别登记、上报；

（11）不允许随便往油管或钻杆内存放任何东西，下钻时要逐根通径，以防管内存物掉入井中。

319. 打捞落物前如何进行鱼顶探视？

答：（1）探视方法。

当井内鱼顶情况不清或套管损坏情况不详时，借助于铅模打印可以将所需了解的情况直观地反映出来。

（2）探视（打印）工具。

铅模是侦察和探视井内鱼顶情况的专用工具，铅模有多种类型。

①在油层套管完好的情况下，对井内落鱼的打印可以选用任何一种类型的铅模；

②当落鱼上部套管完好状态较差时，应选择铅体不易脱落的铅模；

③为了能反映套管变形后的最小内径，铅体的形状有时也要改变一下，底部可以加工成锥形。

（3）打印操作。

①将检查合格的铅模用管钳连接在下井的第一根油管底部；

②铅模下至鱼顶以上 5m 左右时，开泵大排量冲洗，排量不小于 500L/min，边冲洗边慢放，下放速度不超过 2m/min；

③当铅模下至鱼顶以上 0.5m 左右时，冲洗 0.5～10min 后停泵，再以小于 1m/min 的速度下放，遇到鱼顶后，缓慢加压打印，加压范围为 30～50kN，一次完成；

④起出全部油管，卸下铅模，清洗干净。

320．打捞落物前进行鱼顶探视时应注意哪些问题？

答：(1) 下铅模前必须将鱼顶冲洗干净，严禁带铅模冲砂；

(2) 冲砂打印时，洗井液在干净无固体颗粒，经过滤后方可泵入井内；

(3) 起下铅摸管柱时，要平稳操作，拉力表或指重表要灵活好用，并随时观察拉力表的变化；

(4) 起带铅模管柱遇卡时，要平稳活动或边洗边活动，严禁猛提猛放；

(5) 要修井泥浆里打铅印，当铅模下入井后，因故停工，应装好井口，将井内修井泥浆替净或将铅模起出，防止修井泥浆沉淀卡钻；

(6) 若铅模遇阻时，应立即起出检查，切勿硬顿硬砸；

(7) 当套管缩径、破裂、变形时，下铅模打印加压不超过 40kN，以防止铅模卡在井内。

321．打捞落物前进行鱼顶探视的质量要求有哪些？

答：(1) 一个铅模只能加压打印一次，禁止来回两次以上或转动管柱打印；

(2) 下井铅模外径一般应小于套管内径 4mm 以上，直径过大易卡钻，引起铅体脱落，但不易太小，否则能对井下落物打不出完整的印痕；

(3) 对套管缩径部位的打印往往一个铅模不能反映出准确情况，应选用不同外径的铅模重新打印多次。

322．打捞落物前进行鱼顶探视后如何进行铅模分析？

答：（1）铅模侧面有擦痕，说明套管有毛刺或卷边，若擦痕严重，说明套管错断，更严重的可直观地反映在铅模上；

（2）有规则的管类、杆类和井下工具，通过打印可直接反映落鱼的内外径、在井下的状态、鱼顶好坏；

（3）绳类落物可以通过打印判断其所处的状态和落物的性质；

（4）有规则的小件落物可直观地在铅摸上反映出来，无规则地小件落物也可通过打印来判断其尺寸大小、所处状态，为下一步打捞提供依据。

323．井下落物打捞原则是什么？

答：（1）打捞作业前，要先进行铅摸打印，通过铅摸打印过程来判断井下事故的性质；

（2）打捞时要确保油、水层不受二次污染与破坏；

（3）不损坏井身结构（套管与水泥环）；

（4）处理事故过程中必须使事故越处理越容易，而不能越处理越复杂。

324．常用的井下落物打捞工具有哪些？

答：根据不同类型的井下落物，有其相应的打捞工具。

（1）管类落物打捞工具。

常用的工具有：公锥、母锥、滑块卡瓦打捞矛、接箍捞矛、可退式打捞矛、可退式打捞筒、开窗打捞筒等。

（2）杆类落物打捞工具。

常用工具有：抽油杆打捞筒、组合式抽油杆打捞筒、活页式捞筒、三球打捞器、摆动式打捞器、测试井仪器打捞筒等。

(3) 绳类落物打捞工具。

常用工具有：内钩、外钩、内外组合钩、老虎嘴等。

(4) 小件落物打捞工具。

常用工具有：一把抓、反循环打捞蓝、磁力打捞器等。

(5) 辅助打捞工具。

常用的工具有：铅模、各种磨铣工具（平底磨鞋、凹底磨鞋、领眼磨鞋、梨形磨鞋、柱形磨鞋、内铣鞋、外齿铣鞋、裙边鞋、套铣鞋等）、各钟震击器（上击器、下击器、加速器和地面下击器等）、安全接头和各种井下切割工具等。

(6) 大修常用钻具和井口工具。

大修常用的钻具有：$2^3/_8 \sim 3^1/_2$in 正反扣钻杆、$3^1/_2 \sim 4^1/_8$in 钻铤、$2^1/_2 \sim 3^1/_2$in 方钻杆。

常用的井口工具有：轻便水龙头、液压钳、吊钳、安全卡瓦、各种规格活门吊卡、井口卡瓦、方钻杆补心、钻铤提升短节、接头等。

(7) 倒扣工具和钻具组合。

常用的倒扣工具有：倒扣器、倒扣捞矛、倒扣捞筒、倒扣安全接头、倒扣下击器。

常用的钻具组合有两种（自下而上）：

①倒扣捞筒（倒扣捞矛）＋倒扣安全接头＋倒扣下击器＋倒扣器＋正扣钻杆（油管）；

②倒扣捞筒（倒扣捞矛）＋倒扣安全接头＋反扣钻杆。

325．管类落物打捞施工如何进行？

答：(1) 施工前准备。

①落实井况：

了解被打捞井的地质、钻井资料，井身结构、套管完好情况；

　　搞清落井原因，分析落井后有无变形可能及井下（工具、砂）卡、埋等情况；

　　计算鱼顶深度，判断鱼顶规范、形状和特征，对鱼顶情况不清时，要用铅摸或其他工具下井探明（必要时应冲洗鱼顶）。

　　②制订打捞方案：

　　绘出打捞管柱示意图；

　　制订出施工工序细则及打捞过程中的注意事项；

　　根据打捞时可能达到的最大负荷加固井架；

　　制订安全防卡措施，捞住落鱼后，若井下遇卡仍可以脱手。

　　③选择下井工具：

　　根据鱼顶的规范、形状和所制订的打捞方案选择合适的下井工具。其外径和套管内径的间隙大于或等于6mm。若受鱼顶尺寸限制，两者直径间隙小于6mm时，应在下该工具前，下入外径和长度不小于该工具的通径规通井至鱼顶以上1～2m。下井工具外表面不准带利刃、镶焊硬质合金或敷焊钨钢粉。若必要，其紧接工具上部需带有大于工具外径的接箍或扶正器（铣鞋除外）。公锥、捞矛等在大直径套管中打捞时，需带引管和引鞋及其他定心找中位置。若在处理鱼顶或打捞中需循环洗井，则选择的工具需带水眼，选用可退式打捞工具。当受条件限制用不可退式工具时，下井管柱需配有安全接头，工具下井前需严格检查，做到规格尺寸与设计统一、强度可靠、螺纹完好、部件灵活。

　　（2）冲洗鱼顶。

　　①打捞工具下至鱼顶上部10m左右处时，启动水泥车，

开泵循环冲洗；

②慢慢下放钻柱，钻柱遇阻后要轻轻加压探鱼顶，指重表有了轻微显示后，上提一下钻柱，然后再轻轻探一下鱼顶；

③经两次探鱼顶，并核对深度准确后，将打捞工具上提至鱼顶 0.2m 左右，保持水泥车大排量对鱼顶反复冲洗，鱼顶上部泥砂全部返出井口后再打捞；有些工具如滑块捞矛、可退捞矛、可退卡瓦捞筒等，只要探鱼顶时捞矛杆进入鱼腔，或鱼头进入筒体即被捞住，这时应对落鱼上提小负荷后继续进行循环冲洗，待泥砂全部返出井口后再进行活动解卡或倒扣。

（3）打捞步骤。

①下铅模打印，分析井下鱼顶形态、位置；

②根据印痕分析井下情况及套管环形空间的大小，选择合适的打捞工具；

③按操作程序下打捞工具进行打捞；

④捞住落物后即可活动上提，当负荷正常后，可适当加快起钻速度。

（4）打捞管柱组合。

常用打捞管柱组合（自上而下）：

钻杆（油管）＋上击器＋安全接头＋打捞工具。

根据选择的打捞工具不同，分别称为：公锥打捞管柱、母锥打捞管柱、滑块捞矛打捞管柱、可退式捞矛打捞管柱、卡瓦打捞筒打捞管柱、开窗捞筒打捞管柱。对于自由下落的落物可以不下上击器，鱼顶偏的落物要视情况下扶正器和引鞋。

（5）判断是否捞上落鱼。

①校对造扣方入；

②观察指重表悬重变化；

③对比打捞前后泵压；

④造扣后上提钻具若干米再下放，观察钻具深度变化，一般捞上落鱼后放不到原来的深度。

326. 杆类落物打捞施工如何进行？

答：(1) 杆类落物打捞的类型。

断脱在油管内，打捞杆类时可下杆类对扣打捞或下卡瓦打捞筒进行打捞；断脱在套管内，打捞时因套管内径大、杆类细、刚度小易弯曲、易拔断，打捞难度和工作量都比较大。

(2) 打捞杆类落物常用的钻具组合。

①油管内打捞：

杆类对扣杆柱；

杆类捞筒打捞管柱；

活页式捞筒＋钻杆（油管）。

②套管内打捞：

活页式捞筒＋钻杆（油管）；

三球打捞器＋钻杆（油管）；

钢丝打捞筒＋钻杆（油管）；

摆动式打捞器＋钻杆（油管）。

(3) 打捞施工。

①下钻遇阻后记下方入，然后上提钻具；

②从不同方向下钻具，找出一个方入最大的地方，缓慢加压（严禁加重压，以防事故恶化）；

③起钻时不许用钻盘卸扣。

当断脱在井下的杆类被压成团时，用上述方法无法捞获时，用内外钩打捞或用套铣筒套铣、大水眼的磨鞋进行磨铣，套铣后再用磁铁打捞器和反循环打捞篮打捞碎屑。

327．小件落物打捞施工如何进行？

答：螺栓、钢球、钳牙、牙轮、撬杠等小物件落井，会给井下作业带来一定困难。打捞这些落物时，要根据落鱼的大小、形状选择合适的工具，必要时还要根据具体情况设计、创造出相适应的工具，设计的打捞工具必须具备易捞、强度大、结构简单、操作方便等特点。

打捞小件落物时的钻具组合（自鱼顶向上）为：

打捞工具＋钻杆（油管）。

根据所用打捞工具不同，可分为：反循环打捞篮打捞管柱、一把抓打捞管柱、磁力打捞器打捞管柱。

328．绳类落物打捞施工如何进行？

答：常用钻具组合（自鱼顶向上）为：打捞工具＋钻杆（油管）。

根据所用的打捞工具不同，可分为内钩、外钩、内外组合钩、老虎嘴等。加工内、外钩时，应在打捞工具上加装隔杯，防止绳类落物跑到工具上端造成卡钻。

329．滑块捞矛打捞使用时的操作步骤是什么？

答：（1）检查滑块捞矛的矛杆与接箍连接螺纹是否上紧，水眼是否畅通，滑块挡键是否牢靠；

（2）将滑块滑至斜键1龙处，用300mm游标卡尺测量滑块在斜键1龙处的直径（此数据应与井内落鱼内径尺寸相符）；

（3）用外卡尺测量捞矛杆及接箍外径；

（4）用1m长钢板尺测量滑块捞矛的长度；

（5）绘制下井滑块捞矛的草图；

（6）将滑块捞矛接在下井的第 1 根油管底部，然后下入井内，下 7 ～ 10 根油管后装上自封封井器，直至将捞矛下至井内鱼顶以上 5m 左右时停止；

（7）接水泥车正洗管线，并开泵正循环冲洗鱼顶，同时缓慢下放管柱，观察拉力计变化情况；

（8）拉力计拉力下降，有遇阻显示时，加压 10 ～ 20kN 停止下放；

（9）缓慢上提油管（试提）并判断是否已捞上落鱼；

（10）若已捞上落鱼，则上提管柱并停泵；

①若井内落物重量很轻且不卡，试提落鱼是否捞上时，拉力显示不明显，此时应转动管柱并反复下放上提 2 ～ 3 次后上提管柱，认为已捞上；

②若井内落物重量较大且不卡，则试提时拉力计显示上升，可认为落鱼已被捞上；

③若井底为砂面，落鱼一般有少部分插入砂面以下，此时先上提再下放，从井口观察油管一般不会下放到原打捞位置，若高于原打捞位置，则可认为落鱼已被捞上；

④若井内落物被卡，试提时拉力计明显上升，活动解卡后明显下降，证明落鱼已被捞上；

（11）落鱼被捞上后，上提 5 ～ 7m 高时，刹车、再下放油管至原打捞位置，检查落鱼是否捞的牢靠，防止起管柱中途落鱼再次落井；

（12）起出井内管柱及落鱼。

330. 滑块捞矛打捞使用时注意事项有哪些？

答：（1）打捞过程中，要有专人指挥通井机手慢放慢提，并注意拉力计的拉力变化；

（2）下打捞管柱及打捞过程中，要装好自封封井器，以防井口工具落井；

（3）打捞落鱼时，加压不得超过 20kN；

（4）落鱼被卡时，可采取活动解卡或大力上提解卡，但施工前要对地锚、绷绳、死绳、提升大绳及井架等各部分进行检查、加固，以确保安全；

（5）起钻过程中，操作要平稳，不得敲击打捞管柱，不得猛顿井口。

331．可退式捞矛使用时的操作步骤是什么？

答：（1）检查可退式捞矛是否与井内落鱼尺寸相匹配，各部件是否完好，卡瓦是否好用；

（2）用 1m 长钢板尺测量可退式捞矛的长度；

（3）将可退捞矛接在下井的第 1 根油管底部下入井内，下 7～10 根油管后装上自封封井器，直至将捞矛下至井内落鱼鱼顶以上 5～10m 时停止；

（4）接水泥车正冲洗管线，并开泵正循环冲洗鱼顶，同时缓慢下放管柱，下探鱼顶；

（5）下探时注意观察拉力计显示拉力的变化，当观察到显示拉力有下降趋势时，停止下放并记录拉力计悬重；

（6）继续缓慢下放打捞管柱，同时反转钻具 2～3 圈捕抓落鱼，当拉力计显示拉力下降 10～20kN 停止下放，并停泵；

（7）缓慢试提打捞管柱，判断落鱼是否被捞上，判断方法同滑块捞矛打捞相同；

（8）若已捞上落鱼则上提（或解卡后上提）管柱，否则重新打捞；

（9）若捞上落鱼后，发现落鱼被卡且解卡无效，需退出捞矛时，利用钻具下击加压，正转打捞管柱 2～3 圈；

（10）缓慢上提打捞管柱，待捞矛退出鱼腔后，起出全部油管及捞矛。

332．可退式捞矛使用时注意事项有哪些？

答：（1）井口操作人员必须穿戴好劳保用品；

（2）拉力计灵活准确，检查井架、井架绷绳、绷绳坑、地滑车坑等，不合格不能作业；

（3）打捞操作要平稳准确，除必要的操作人员外，其余人员远离井口；

（4）捞上落鱼后，若落鱼被卡，不能超负荷硬拔；

（5）下打捞管柱及打捞过程中，井口要安装好自封封井器，以防井口工具落井；

（6）起钻时操作平稳，不能敲击打捞管柱。

333．开窗式打捞筒打捞使用时的操作步骤是什么？

答：（1）选择最大外径小于施工井套管内径 8mm，最大长度不超过 11m 的开窗捞筒；

（2）检查开窗捞筒各部位（接头、簧片、铣管）是否完好牢固；

（3）用 300mm 游标卡尺和 15m 长钢卷尺测量开窗捞筒的内径、外径及长度；

（4）用 900mm 管钳将开窗捞筒接在下井的第 1 根油管底部后下入井内，下 7 ～ 10 根油管后装上井口自封封井器，继续下油管至鱼顶以上 5m 左右停止；

（5）接正循环冲洗管线，并开泵正循环冲洗鱼顶，同时缓慢下放管柱，并用管钳沿钻具上扣方向旋转管柱，观察拉力计所显示的拉力变化情况；

（6）当拉力计有遇阻显示，则加压 10kN 或加全部钻具重量；

（7）缓慢上提管柱，并判断落鱼是否被捞上，判断方法与滑块捞矛相同；

（8）落鱼被捞上后上提 5 ~ 7m 高时，刹车、再下放到原打捞位置，检查落鱼是否被卡牢固，以免起管中途再落井；

（9）起出井内管柱及落鱼。

334．开窗式打捞筒打捞使用时应注意哪些问题？

答：（1）打捞施工管柱必须上紧；

（2）打捞过程中要有专人指挥，慢提慢放并注意拉力计读数变化；

（3）打捞施工用的拉力计必须灵活准确；

（4）下打捞管柱及打捞过程中，井口必须装有自封封井器，以防井口工具落井；

（5）若落鱼被卡，不能大力上提；若上提拉力超过原悬重很大时，停止上提，应考虑倒扣解卡等措施。

参考文献

【1】中国石油天然气集团公司人事部．井下作业技师培训教程．北京：石油工业出版社，2011．

【2】王丽梅．水平井修井技术．北京：石油工业出版社，2012．

【3】韩振华，曾久长．修井测试增产技术手册．北京：石油工业出版社，2012．

【4】白玉，王俊亮．井下作业实用数据手册．北京：石油工业出版社，2012．

【5】文浩，杨存旺．试油作业工艺技术．北京：石油工业出版社，2012．

【6】刘东升，赵国，杨延滨，等．油气井套损防治新技术．北京：石油工业出版社，2011．

【7】赵章明．连续油管工程技术手册．北京：石油工业出版社，2011．

【8】聂海光，王新河．油气田井下作业修井工程．北京：石油工业出版社，2010．

【9】吴奇．井下作业工程师手册．北京：石油工业出版社，2008．

【10】本书编写组．井下作业技术数据手册．北京：石油工业出版社，2008．